ドラえもんの学習シリーズ

● 理科おもしろ攻略 ●

実験と観察がわかる

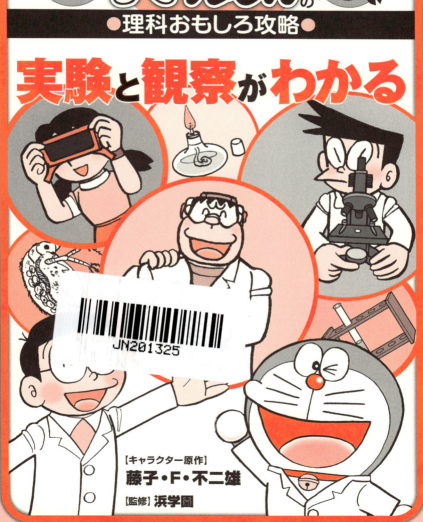

【キャラクター原作】
藤子・F・不二雄
【監修】浜学園

みなさんへ──この本のねらい

実験を通して学ぶ、未来に役立つ科学的思考

科学者たちは、自分が考え出した法則を、正しいものだと証明する実験を行う必要がありました。

その実験は、正確で（誤差が小さく）、客観的で説得力があり（科学的思考にもとづいていて）、そして、効率よく安全でないといけません。科学者たちは、いくつもの失敗をくり返しては乗りこえて、その目的にあった実験方法を開発してきたのです。

現在、私たちは、授業の中でいろいろな実験を経験します。みなさんの中には、使いかたや方法を覚えなくてはならないので、正直めんどくさいなぁと思っている人もいるかもしれません。

浜学園

創立から60年余り、関西圏を中心に難関中学への圧倒的な合格実績をもつ「進学教室浜学園」を運営。さらに、幼児教室の「はまキッズ」や個別指導の「Hamax」、自学・自習プログラム「はま道場」なども運営している。生徒ひとりひとりの能力を最大限にのばすことを主眼に置いた、わかりやすい授業に定評がある。

でもちがうのです！単に授業で実験のしかたを学んでいるのではないのです！じつは、実験を通して、偉大なる科学者たちの考えかた、つまり、科学的思考を学んでいるのです。この思考は、みなさんの未来に役立ちます。論理的にしっかり筋道を立て、自分の目の前にある困難を解決することができる人は、科学的思考ができる人です。残念ながら、科学的思考ができない人は、ただパニックになるだけで、何も困難を解決できません。

この本では、ドラえもんが先生になって、さまざまな実験方法を、きちんと理由もふくめて教えてくれます。すごい道具を使いながら、楽しく教えてくれます。みなさんの未来のためにも、ぜひこの本を読んで、科学的思考を感じてくださいね。

浜学園

もくじ

みなさんへ──この本のねらい……2

第1章 正しく実験する……7

- 正確に値を読み取る……8
- 〈ひと口メモ〉一歩先行くメスシリンダーの使いかた……18
- 正しい方法で実験する……20
- 〈ひと口メモ〉大研究！ 物質が水にとける量……36
- 誤差を減らす……38
- 条件を「そろえる」「変える」……50

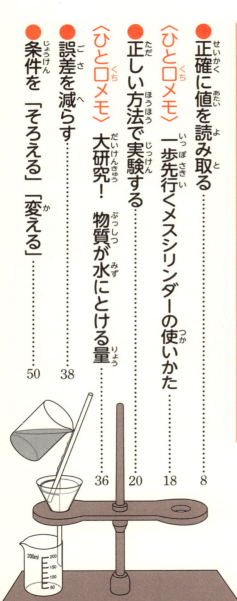

〈ひと口メモ〉二酸化炭素の発生実験……64

〈ひと口メモ〉比べて調べる「種子の発芽条件」……66

第2章 安全に実験・観察する …69

● 火と熱に注意する …70

〈ひと口メモ〉もっと深く知る！ 中和 …88

● 薬品に注意する

〈ひと口メモ〉まだある！ 注意したい薬品リスト …96

〈ひと口メモ〉反応いろいろ、指示薬をきわめる！ …104

〈ひと口メモ〉…106

● 電気に注意する …108

〈ひと口メモ〉電流計のこわさない使いかた教室 …120

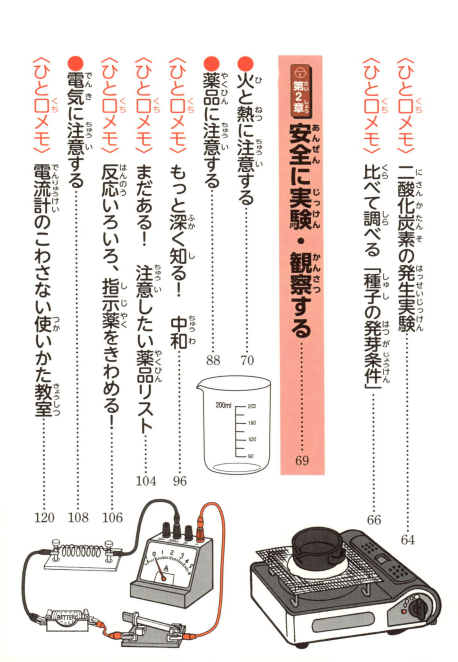

第3章 器具を正しく使う

〈ひと口メモ〉電熱線の長さ・太さと発熱 ……………………… 122
● 太陽の光に注意する ……………………………………………… 124
● 野外観察に注意する ……………………………………………… 134

● ガラス器具をこわさない ………………………………………… 154
〈ひと口メモ〉正しく使う! 上皿てんびん ……………………… 170
● 使いかたのきまりと手順を守る ………………………………… 172
〈ひと口メモ〉プレパラート不要のけんび鏡って? …………… 190

◎この本では小学生だけで行うには危険な実験もしょうかいしています。実験する場合は大人に必ず立ち会ってもらい、安全に十分注意してください。

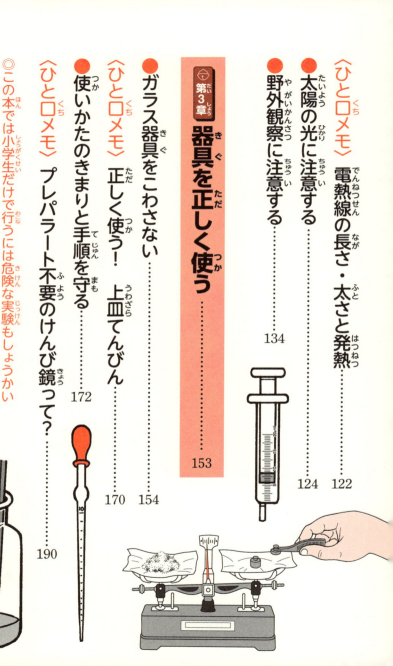

ネコが目盛りのついたガラスの管になった!?

「物体変換銃」はあるものを他のものに変える道具なんだ。

メスネコ−ネコ＋シリンダー＝メスシリンダー

例えばいまみたいに指令マイクに向かって、

指令マイク

「メスネコ」から「ネコ」を取って「シリンダー」をつけると言って銃を向ければ、「メスシリンダー」になる。

このメスシリンダーで何をするの？

メスシリンダーは液体の体積を量る容器なんだ。理科の実験に使われるよ。

メスシリンダー

ガラスやプラスチックなどでできていて、容量もさまざまある。小さな固体や、気体の体積を量ることにも用いられる（18〜19ページ）。

10

じゃあさっそく…。

わーっ、ストップストップ！

その入れかただと、液体がはねて飛び出しちゃうかもしれないでしょ。

なるほど、それはもったいないね。

①メスシリンダーをななめにかたむけて持つ。

②液体が内側の側面を伝うようにして、少しずつ静かに注ぐ。

液体がこぼれないように、こうやってメスシリンダーにはやさしく注ぐんだ。

そろそろ80mℓに近づいてきたかなぁ。

よし、80mℓに少し足りないところでいったんストップだ。

え？

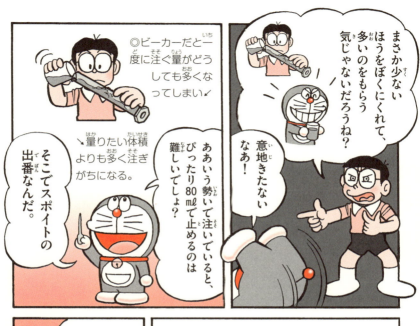

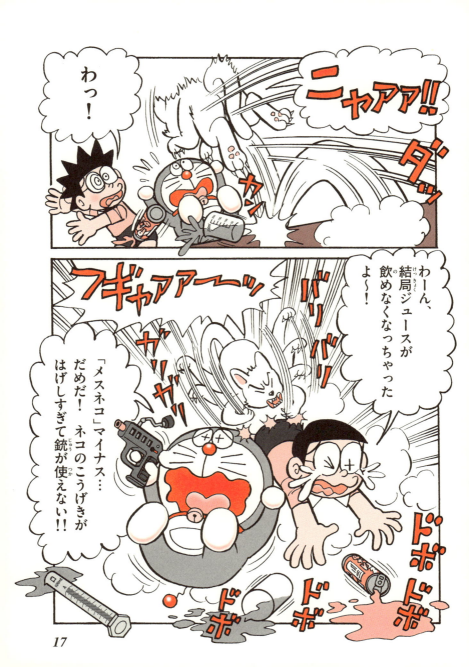

<ひと口メモ> 一歩先行くメスシリンダーの使いかた

まんがでは液体の体積を量ったメスシリンダー。実は固体や気体の体積を量ることもできるってホント？

【固体の体積を量る】

水にとけない固体ならば、石など複雑な形のものでも、下のような方法で体積が量れる。ただしメスシリンダーの口径におさまる、小さな固体の体積しか量れない。

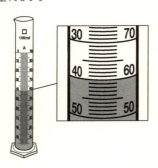

①メスシリンダーに水だけを適量入れて目盛りを読み取る。

②体積を量りたい固体を入れて目盛りを読み取る。①のときから目盛りが増えた分が固体の体積となる。

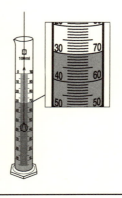

← 入れるときは糸につるすなどして静かに入れる。落としたりすると水がはねて、メスシリンダーの内側についたままになって、正確な体積が量れなくなるからだ。

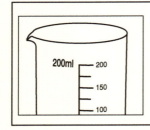

ビーカーなどの目盛りは…

ビーカーや三角フラスコなどにも目盛りがついているが、正確な体積ではなく、あくまでめやすを示すもの。液体の体積を量るときには必ずメスシリンダーを使おう。

【気体の体積を量る】

下のようにして、メスシリンダーに入れた水と気体を置きかえることによって体積を量る。ただし水にとけやすい気体は、メスシリンダーに送りこんだ気体が一部水にとけてしまい、正確に体積を量れない。

①水を満たしたメスシリンダーを逆さにして、水を張った水そうに入れる。

②気体を右の図のようにしてメスシリンダーに送りこむと、メスシリンダー内の水が気体に追い出される。この追い出された部分の目盛りを読みとる。

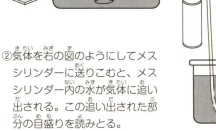
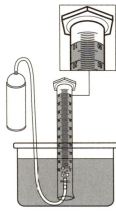

← 気体を発生させる実験で、発生した気体を水上置かん法（64ページ）で集めるときに、気体の体積も量る場合は、集気びんではなくメスシリンダーを用いる。

計量器具なので取りあつかい注意！

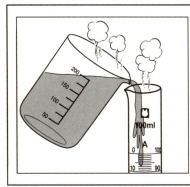

高温の液体を入れるとメスシリンダーが割れたり、熱でぼう張して正確な体積が量れなくなったりする。また、メスシリンダー内で薬品どうしを反応させるなど、器具を変形させるようなこともさけよう。

◎固体がまざった液体を、固体と液体に分けることを「ろ過」という。下の図のように、ろ紙をろうとにはめこみ、上から液体を流しこむと、ろ紙に固体が残り、液体はろ紙を通過してビーカーに流れ落ちる。

ろ紙の折りかた・ろうとへのセットのしかた

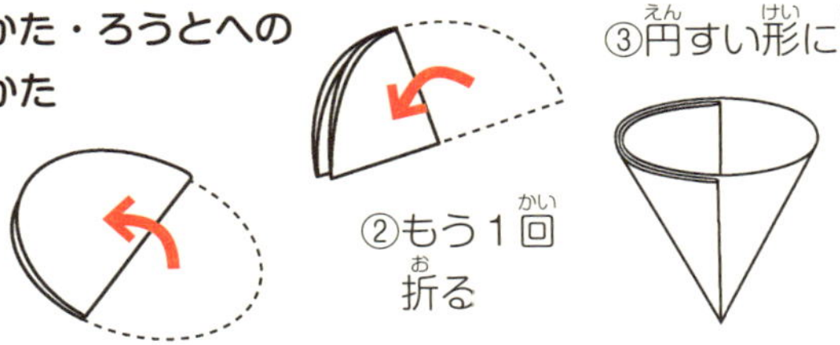

①半分に折る

②もう1回折る

③円すい形に開く

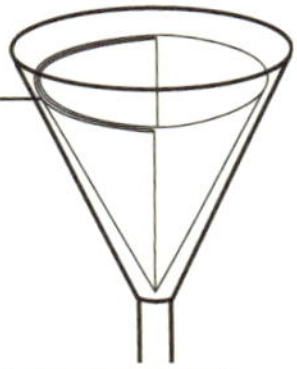

←ろうとにセットした円すい形にしたろ紙が、ろうとのふちよりも1cmほど下にくるようなサイズのろ紙を使う。↙セットしたろ紙は水で少ししめらせて、ろうととすきまができないようにくっつける。

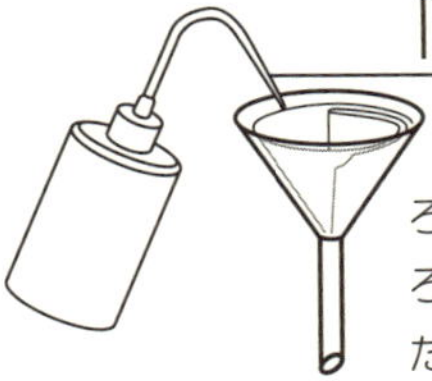

ろうとのふちより約1cm下。

ろうととろ紙のあいだをぬらす。

続いてこういう装置を組み立てよう。

ろうと
円すいの先に管がついた容器。

ろうと台
ろうとを固定する台。

ろ紙

200ml

200
150
100
50

ビーカー
ろ過された液体が流れこむ。

23

←一度に注ぐ量が多いと、ろ紙の上にあふれて、ろ紙を通過しないでビーカーに流れ落ちる。

一度に多くの液体を入れすぎたせいで、ろうとと、ろ紙のあいだを通って、ビーカーに流れ落ちてしまっているんだ。

そうか。さっきのぼくのような注ぎかただと、とけのこった食塩の一部もビーカーに流れ落ちちゃうんだね。

そう。ビーカーには、ろ紙を通りぬけたほう和食塩水だけが流れ落ちないといけないよね。

◎23ページでろ紙をろうとにセットするときのポイントを2点説明した。実はこれらも、液体があふれて、ろ紙を通過しないでビーカーに落ちるのを防ぐことが目的だ。

←「ろうとにセットした円すい形にしたろ紙が、ろうとのふちよりも1cmほど下にくるようなサイズのろ紙を使う」のは、ろ紙がろうとからはみでると、ろ紙にしみた液体が、ろうとの外に出てしまうかもしれないからだ。

→「セットしたろ紙は水で少ししめらせて、ろうととすきまができないようにくっつける」のも、注いだ液体がろ紙とろうとのあいだを通って、ビーカーに流れ落ちないようにするためだ。

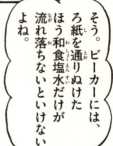

26

●失敗しない！ ろ過パーフェクト指南

液体をこぼさないように、液体がちゃんとろ紙を通過するようにできる４つのポイントをおさえよう。あとはゆっくり、少しずつ、しんちょうにやれば必ずできる！

①ガラス棒の先はろ紙が重なっているところに当てる

水を吸ったろ紙は破れやすい。下の図のように液体を伝わせるガラス棒の先は、折ったろ紙が三重になっているところに当てる。

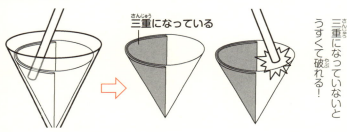

②液体はろ紙の８分目以上は入れない

１回に注ぎ入れる量は、下の図の線までを限度にしよう。あふれさせないで！

ろ過するにあたっての注意点、けっこうあるね！

実験をちゃんとやるって大変なんだなあ。

③ガラス棒はななめにして、液体を伝わせて注ぐ

注ぐ液体がはねないように、直接ろうとに注ぐのではなく、ガラス棒を伝わせる。ガラス棒も、垂直だと左の図のように水が勢いよく流れすぎるのでななめにする。

④ろうとのあしの先のとがった部分をビーカー内側の側面につける

こうすることで、ろうとを出た液体が静かにビーカーの内側を伝って落ちるようになるので、液体がビーカーの底ではねることを防げる。

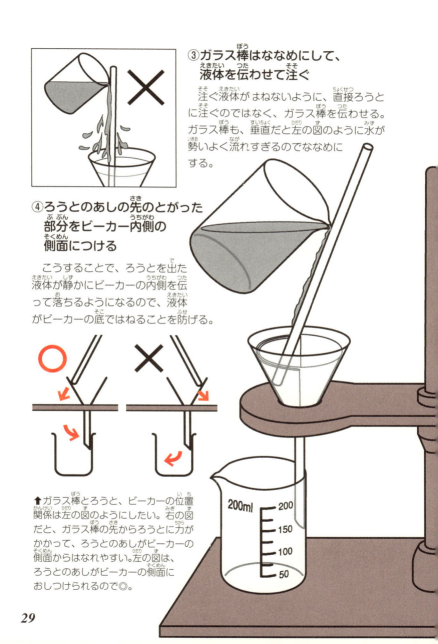

↑ガラス棒とろうと、ビーカーの位置関係は左の図のようにしたい。右の図だと、ガラス棒の先からろうとに力がかかって、ろうとのあしがビーカーの側面からはなれやすい。左の図は、ろうとのあしがビーカーの側面におしつけられるので◎。

●南北に向く棒磁石の実験

自由に回転できるようにした棒磁石は、方位磁針と同じように南北に向く。ただし、「あること」に気をつけないと、磁石は正しい方向に向かないので注意しよう。

【棒磁石を水にうかべる】

棒磁石を水を張った水そうにうかべた発ぽうスチロールの板にのせると、N極が北を示して止まる。これは方位磁針と同じく、大きな磁石である地球の地磁気に引っぱられるからだ。

ただしこのとき、近くに別の磁石や鉄でできたものがあると、棒磁石はそれらに引き寄せられ、正しく南北を示さないので注意。

電磁石のN極／S極を確かめる

電磁石は電流の流れる向きとコイルの巻く向きによって極が決まり、どちらがN極で、どちらがS極かは見ただけではわからない。

しかし棒磁石のときと同様、水にうかべると南北を指して止まるので、方位磁針と見比べれば、極を確かめられる。このときも、周りに磁石などがないように注意しよう。

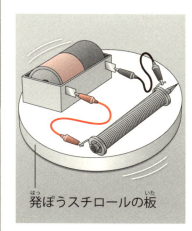

発ぽうスチロールの板

ほう和食塩水もできたことだし、早く塩のかざりを作ろうよ！

まずはこういう材料や道具を用意しよう。

①針金にたこ糸を巻きつける。巻きはじめと巻きおわりは、針金の先を円内のように少し折り曲げてとめる。

・アルミニウム製針金
・たこ糸　・わりばし

で、針金にたこ糸を巻きつけたものを好きな形に曲げる。

簡単だね！

②折り曲げてできたかざりをわりばしでつりさげられるよう、糸で結ぶ。

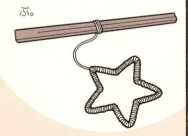

のび太くん、それもしかして星の形に曲げたつもり？

いやぁ〜、あはは は…。

<ひと口メモ>大研究! 物質が水にとける量

物質が水に限度いっぱいまでとけたじょうたいを「ほう和」という。ほう和じょうたいになるまでにとける量は物質ごとに異なり、また同じ物質でも、とかす水の量や温度で変わる。

【水にとける量と温度の関係】

右は、100gの水に、砂糖、食塩、ホウ酸をほう和するまでとかし、そのとける量が、とかす水の温度によって変わることを表したグラフで、下はその表。

砂糖やホウ酸は水温が上がるほどとけるが、砂糖は低温でも多くとけ、いっぽうホウ酸は低温ではほとんどとけない。この2つと比べて、食塩は水温が上がってもとける量はほとんど変わらない。物質ごとにとけかたがまったくちがうことがわかる。

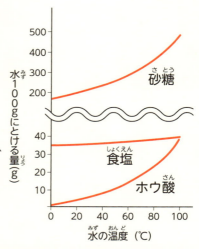

温度	0℃	20℃	40℃	60℃	80℃	100℃
食塩(g)	35.6	35.8	36.5	37.1	38.0	39.3
ホウ酸(g)	2.7	4.8	8.9	14.3	23.5	37.9
砂糖(g)	179.2	203.9	233.1	287.3	362.1	487.2

【水にとける量と、とかす水の量の関係】

どの物質も水温が同じなら、水の量が2倍、3倍になると、ほう和するまでにとける量も2倍、3倍となる——つまりとける物質の量は水の量に比例する。例えば上の表やグラフでは、20℃・100gの水にとけるホウ酸の量は4.8gだが、水の量を2倍の200gにすると、とける量は9.6g(4.8×2＝9.6)となる。

【結しょうの取り出しかた1：温度を下げる】

水よう液の温度を下げると、いったんはとけた物質が、とけきれなくなって結しょうとなって再び出てくる。水温が上がるほど多くとける砂糖やホウ酸（右ページのグラフと表参照）は、この方法だと結しょうが取り出しやすい。下は100℃・100gの水に、400gとかした砂糖の結しょうの取り出しかたの例。

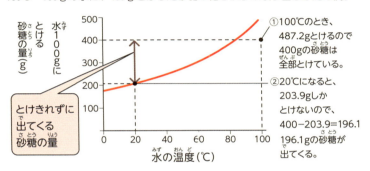

① 100℃のとき、487.2gとけるので400gの砂糖は全部とけている。

② 20℃になると、203.9gしかとけないので、400−203.9＝196.1 196.1gの砂糖が出てくる。

【結しょうの取り出しかた2：水を蒸発させる】

水よう液の温度を上げてもとける量があまり変わらない食塩は、水を蒸発させて結しょうを取り出す。20～35ページのまんがのドラえもんたちも、このやりかたで針金に食塩の結しょうをつけている。

①20℃・100gの水に30gの食塩をとかす

②温度はそのままに、50gの水を蒸発させると、12.1gとけのこる

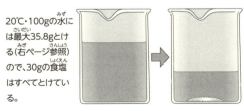

20℃・100gの水には最大35.8gとける（右ページ参照）ので、30gの食塩はすべてとけている。

残った20℃の水は100gの半分の50g。50gの水にとける食塩の量は17.9g（35.8÷2＝17.9）。なので、①でとかした30gの食塩はとけきれなくなる。とけのこる食塩は12.1g（30−17.9＝12.1）。

右ページに示すように、物質のとける量はとかす水の量に比例するので、水の量が減れば、とけきれなくなって結しょうが出てくるというわけだ。

●ふりことは？ 「周期」とは？

「ふりこ」は糸や棒のもとを固定して、その先におもりをつけて、ふれるようにしたもの。「周期」はふりこが1往復するのに必要な時間のことだ。

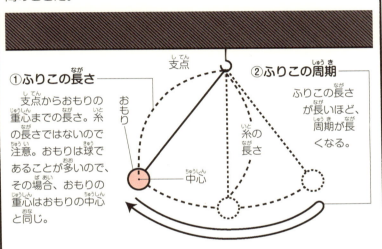

①ふりこの長さ
支点からおもりの重心までの長さ。糸の長さではないので注意。おもりは球であることが多いので、その場合、おもりの重心はおもりの中心と同じ。

②ふりこの周期
ふりこの長さが長いほど、周期が長くなる。

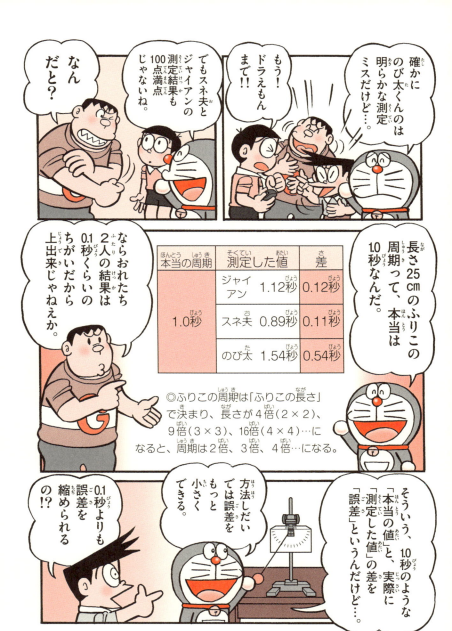

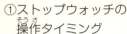

①ストップウォッチの操作タイミング

②ふれかたの読み取り

③ストップウォッチの個体差

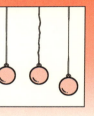
④ふりこの糸のよじれやのび

※上は原因の一例。

誤差が出る原因はいろいろある。

ふりこの周期を計るような実験は、人間が「ストップウォッチを手で操作して」「ふりこを目で見て」行うから、どうしても誤差が生まれる。

でもさっきのみんなのやりかただと、誤差が大きくなりやすいんだ。

そうなの?

ふりこの周期を測定するのに、1秒程度のあいだに、「スタート」「ストップ」の2回も操作をするから、ちょっとタイミングがずれれば誤差が大きくなるでしょ?

42

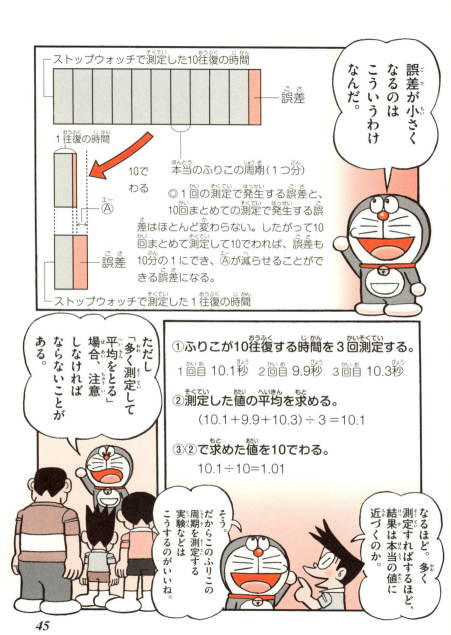

↑ふつうは、本当の値よりも少し小さかったり大きかったりする値が出る場合が多い。

正しい方法で実験していれば、多少のちがいはあっても、だいたいどれも本当の値に近い、似かよった値が出るんだけど…。

何かのミスなどが原因で、他の値とは大きくかけはなれた結果が出ることもある。

つまり、最初にのび太が測定したようなやつだな。

いいかげんに忘れろ!!

✕ (9.9＋9.3＋10.2)÷3＝9.8 → 本当の値との差 0.2

◯ (9.9＋10.2)÷2＝10.05 → 本当の値との差 0.05

└ 測定ミスと思われる値、9.3を除いて平均する。

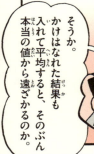

そうか。かけはなれた結果も入れて平均すると、そのぶん本当の値から遠ざかるのか。

たがいに似かよっている結果だけを採用して平均をとるのが大事だ。

そういう他からかけはなれた結果は最初から除いて、

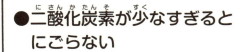

●植物の光合成と呼吸

日光の当たる昼に下のような実験を行うと、光合成に二酸化炭素が使われて、酸素が出されることがわかる。

【二酸化炭素と酸素の変化を調べる】

はち植えの植物にポリエチレンのふくろをかぶせ、息をふきこみ、すぐに気体検知管で二酸化炭素と酸素のこさを調べる。その後、数時間日光に当て、再度二酸化炭素と酸素のこさを調べると、二酸化炭素の数値は日光に当てる前より下がり、酸素は上がった。

	日光に当てる前	日光に当てたあと
二酸化炭素のこさ	2.2%	0.5%
酸素のこさ	18.7%	19.8%

ただし植物は、酸素を吸収して二酸化炭素を出す「呼吸」を昼はしていないというわけではない。下の図のように夜は呼吸だけを、日光が当たる昼は呼吸と光合成を両方やっている。

昼に二酸化炭素を出していないように見えるのは、呼吸で出す二酸化炭素よりも、光合成で吸収する二酸化炭素の量のほうが多いから。酸素を吸収していないように見えるのも、呼吸で吸収する酸素よりも、光合成で出す酸素の量のほうが多いからというわけだ。

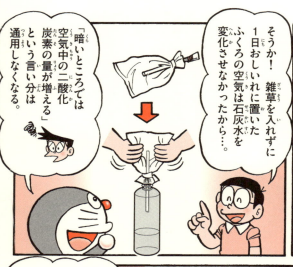

●電磁石の磁力と巻き数の関係

電磁石のコイルの巻き数は、多いほうが少ないほうよりも磁力が大きくなる。実験でそれを確認するさいに、注意しなければならない「そろえる条件」とは？

【導線の長さを変えないで比べる】

電磁石の磁力は「コイルの巻き数が多い」「電流が大きい」「コイルに入れた鉄しんが太い」と大きくなる。だからコイルの巻き数を変えて磁力を比べる場合、つなげるかん電池数（電流の大きさ）や鉄しんの太さは同じにする。

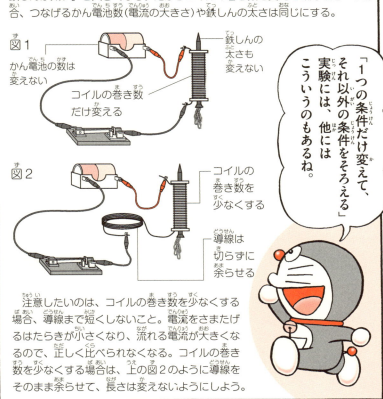

図1
- かん電池の数は変えない
- 鉄しんの太さも変えない
- コイルの巻き数だけ変える

図2
- コイルの巻き数を少なくする
- 導線は切らずに余らせる

「1つの条件だけ変えて、それ以外の条件をそろえる」実験には、他にはこういうのもあるね。

注意したいのは、コイルの巻き数を少なくする場合、導線まで短くしないこと。電流をさまたげるはたらきが小さくなり、流れる電流が大きくなるので、正しく比べられなくなる。コイルの巻き数を少なくする場合は、上の図2のように導線をそのまま余らせて、長さは変えないようにしよう。

<ひと口メモ>二酸化炭素の発生実験

動植物は呼吸をして、酸素を取り入れて、体内でできた二酸化炭素を出しているが、二酸化炭素は下に示すように実験で発生させることもできる。

【塩酸と炭酸カルシウムが反応して発生】

下の図のような装置を組み立て、三角フラスコ内の石灰石に、ろうとからうすい塩酸を注ぐ。すると塩酸と、石灰石にふくまれる炭酸カルシウムが反応して二酸化炭素が発生。これを逆さにして水で満たした集気びんの中に集める。

コックつきろうと
コックをゆるめながら、少しずつ塩酸を注ぐ。

塩酸
コック
三角フラスコ
石灰石
炭酸カルシウムをふくむ貝がらや卵のからなどでも代用できる。

集気びん
二酸化炭素が集気びんを満たした水を追い出し、水と置きかえるようにして集められる（水上置かん法）。二酸化炭素は水に少しとけるので、発生したすべての二酸化炭素を集めることはできない。

同じ装置で酸素の発生実験もできる

上の図と同じ装置を使い、塩酸を過酸化水素水に、石灰石を二酸化マンガンにかえれば、酸素を発生させることができる。集めかたも、酸素は水にとけにくいので、水上置かん法のままでよい。

【下方置かん法でも集められる】

二酸化炭素は空気よりも重いので、下の図のように集気びんの下からためていくようにして集める（下方置かん法）こともできる。水上置かん法と比べて、一部が水にとけてしまうことがないが、欠点もある。

◎下方置かん法の欠点

①どうしても周りの空気が入りこんでしまい、純すいな二酸化炭素を集めにくい。

②二酸化炭素は空気と同じく無色とうめいな気体なので、集めた量がわからない。

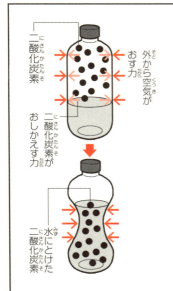

「水に少しとける」ことがよくわかる実験

二酸化炭素は20℃の水1cm³に約0.9cm³とける気体だが、この性質がよくわかる実験がある。ペットボトルに水を入れ、さらに二酸化炭素を入れてふたをしてよくふると、力を加えていないのにペットボトルがへこむ。

これはペットボトル内の二酸化炭素が水にとける前は、ペットボトルの外側から空気がおすのに対し、二酸化炭素が内側からおしかえしていた。だが二酸化炭素がとけてしまうと、外側の空気がおす力がまさり、ペットボトルがへこんだというわけだ。

<ひと口メモ> 比べて調べる「種子の発芽条件」

「条件を1つだけ変えて、残りの条件は全部そろえる」実験によって、植物の種子の発芽に必要なのは「水」「空気」「温度」であることを確かめてみよう。

←子葉

【インゲンマメを使った発芽実験】

「水」「空気」「温度」の3つの条件のうち、2つはそろえて、残る1つを変えて、3つの実験を行う。こうすると、実験の結果がどの条件によるものかがはっきりする。

←インゲンマメの発芽。ちなみに種子の発芽に「肥料」は必要ない。種子にはもともと発芽のための養分がふくまれており、インゲンマメは最初に出る葉「子葉」にたくわえている。

【発芽に水が必要かどうか調べる】

〈実験〉2つのコップそれぞれにだっし綿をしいて、インゲンマメの種子をのせる。1つのコップのだっし綿は水でしめらせ、もう1つのコップのだっし綿はぬらさずにそのままにする。他の条件、「空気あり」「温度約25℃」は同じにする。
〈結果〉水でだっし綿をしめらせたほうだけが発芽した。

水あり　水なし
↓　　　↓
発芽した　発芽せず

変えた条件	そろえた条件	結果
水あり	空気あり　温度約25℃	発芽した
水なし		発芽せず

◎発芽にはふつう光は不要だが、レタスなど発芽に光が必要な種子もある。また逆にダイコンの種子などは、光がないほうがよく発芽する。

写真提供／フォトライブラリー

【発芽に空気が必要かどうか調べる】

〈実験〉2つのコップそれぞれにだっし綿をしいてインゲンマメの種子を置く。1つのコップには種子が空気にふれないよう、水を入れてしずめる。もう1つは、だっし綿を水でしめらせて種子が空気にふれるようにする。他の条件、「水あり」「温度約25℃」は同じにする。
〈結果〉種子が空気にふれていたほうだけが発芽した。

 空気あり
 空気なし
 発芽した
 発芽せず

変えた条件	そろえた条件	結果
空気あり	水あり 温度約25℃	発芽した
空気なし		発芽せず

【発芽に適当な温度を調べる】

〈実験〉2つのコップそれぞれに、水をふくませただっし綿をしき、インゲンマメの種子をのせる。1つのコップは温度約5℃の冷蔵庫に入れ、もう1つのコップは温度約25℃の場所に置く。このとき、冷蔵庫に入れたコップと条件を同じにするため、光が当たらないようにする。他の条件、「空気あり」「水あり」も同じにする。
〈結果〉温度約25℃の場所に置いたほうだけが発芽した。

変えた条件	そろえた条件	結果
温度約25℃	水あり 空気あり 光が当たらない	発芽した
温度約5℃		発芽せず

【植物の生長に光が必要かどうか調べる】

〈実験〉植物が生長するためには、「水」「空気」「適当な温度」の3条件に、「光」「肥料」の2条件が加わる。光が必要かどうか調べるには、発芽したインゲンマメの植木ばち2つを日なたに置き、1つは箱をかぶせて日光が当たらないようにする。その他の条件、「肥料をあたえる」などは同じにする。

〈結果〉日光に当たったインゲンマメはよく生長し、当たらなかったほうはよく育たなかった。

変えた条件	そろえた条件	結果
日光あり	水あり　肥料あり	よく生長した
日光なし		育ちが悪い

【植物の生長に肥料が必要かどうか調べる】

〈実験〉発芽したインゲンマメの植木ばちを2つ日なたに置き、一方には肥料を入れた水をあたえる。もう一方には肥料の入っていない水をあたえる。その他の条件、「日光が当たる」などは同じにする。

〈結果〉肥料をあたえたインゲンマメはよく生長し、あたえなかったほうはあまり大きく育たなかった。

変えた条件	そろえた条件	結果
肥料あり	水あり　日光あり	よく生長した
肥料なし		あまり生長しなかった

安全に実験・観察する

まず服装。こういう点に注意しよう。

① 必要な場合は保護眼鏡を着用
火や薬品などをあつかう実験のときは必ず。

② 服のひもは結ぶ
ひもに引火したり、実験器具を引っかけたりしないようにする。

③ ひものないデッキシューズをはくのがおすすめ
ほどけたひもをふんで転ぶ心配がない。

④ 長いかみは結ぶ
こちらもかみに引火するのを防ぐため。

⑤ はだを見せない
火や薬品などから身を守れる、長そで長ズボンが○。

⑥ 綿100％の素材が○
ナイロンなど化学せんいの服は、引火したら熱でとけて体にくっついてしまう。

ぼくは理科室にあった白衣を借りたけどどうかな？

- 綿100％で生地が厚い
  火に強く、薬品も通しにくい。
- ひもなどがなくものを引っかけない
- そで口がしばれる
  動いてもはだが出にくく、薬品などが入りこむことも防げる。

白衣着用のすすめ

① 安全に実験できる
白衣の一番の長所は、右に示すように熱や薬品などから身を守りやすいこと。どんな服を着ていても、上から着るだけでいい。

② 清潔さを保てる
着ている服にほこりや細菌などがついていると、行う実験の結果にえいきょうが出ることがあり、事故につながる危険もある。

いいね！ときも上から着れば、はだがほかくれて安全だよね。夏服の

よ〜し、窓全開！

次に空気の入れかえだ。火を使うと一酸化炭素などの有害なガスが発生することがあるからね。

一酸化炭素中毒とは？
酸素が不足したじょうたいでガスなどが燃えつづけると、二酸化炭素のかわりに一酸化炭素が発生する。色もにおいもない気体だが、吸いこむと頭痛やめまいなどをもよおし、最悪の場合は死に至る。

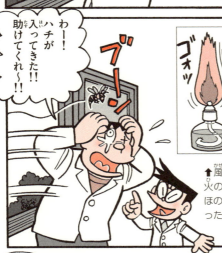

わー！ハチが入ってきた！！助けてくれ〜！！

ただし、風が強くふきこむと危ないから、その点は注意しないとね。

↑風が強くふきこむと、火の勢いが強まったり、ほのおの向きが急に変わったりする。かん気せんと窓を使い分けよう。

↑火がついたアルコールランプがたおれたりしたら、ぬれぞうきんを上からかけて消火。

すぐに使えるように、消火器の位置も確認しておこう。

そして何かに火がついたときのために、ぬれぞうきんを何枚か机に置いておく。

75

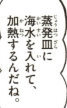

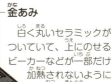

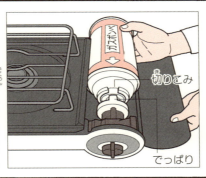

で、つまみをひねって点火、と。

家にあるカセットこんろとつくりや点火のしかたがほとんど同じだから、

↑家庭用カセットこんろはほのおが輪のように並ぶが、実験用ガスこんろは大きなほのおが中心に１つできる。

使うときにとまどわないよな。

そう、実験用ガスこんろはとても操作が簡単なんだ。

→点火・消火、火力調節がつまみを回すだけででき、ガスバーナーやアルコールランプなどと比べて操作がはるかに簡単。

とりあえずいまはいったん火を消すよ。

実験用の加熱器具には、アルコールランプとガスバーナーもあるけれど、

理科室の机のガスせんから都市ガスやプロパンガスをバーナーの中に取りこみ、マッチなどで火をつけて燃やす。火力がとても強い。

しんに吸い上げられた燃料のアルコールが、しんの先で蒸発して燃えつづける。ガスバーナーよりも火力は弱い。

実験用ガスこんろと比べて、安全に使うための注意点などが多いんだよね。

78

●アルコールランプの使いかた

火をつけるときもついているときも、そして消すときも注意する点がいくつかあるのでチェックしておこう。

【火をつけるとき】

①水平な場所に置いてふたを取り、ふたはアルコールランプの近くに立てて置く。

②ランプの下をおさえて、火をしんの横から静かに近づけて点火。マッチは火を消したらもえさし入れに入れる。

【火がついているとき】

①別のアルコールランプに火を移さない。アルコールがもれて引火することも。

②持ち上げるとアルコールがこぼれることもあるので、下を持ってすべらせるように移動させる。

【火を消すとき】

かぶせる　いったん取る　またかぶせる

①ランプの下をおさえて、ふたをななめ上からかぶせて火を消す。絶対にふき消してはいけない。

②火が消えたら、ふたをいったん取る。冷えたことを確認して、再度かぶせる。かぶせたままだと取れにくくなることも。

●ガスバーナーの使いかた

アルコールランプと異なり、点火後もガス調節ねじ、空気調節ねじの操作があるので、手順をおさえておきたい。

コック
空気調節ねじ
ガス調節ねじ
元せん

【火をつけるとき】

①元せんとコック、続いてガス調節ねじをあけて、ガスバーナーの口に横から火を近づけて点火する。

②ガス調節ねじを回し、ほのおの高さが5cmほどになるようにする。

ガス調節ねじ

5cm

←青いほのおの中に、水色の三角形（矢印）が見えるようになればベスト。

③ガス調節ねじをおさえながら空気調節ねじを回して、ほのおの色がオレンジから青になるように調節する。

【火を消すとき】

点火したときとは逆に、①空気調節ねじ→②ガス調節ねじ→③コック→④元せんの順にしめていく。

①空気調節ねじ
②ガス調節ねじ
③コック
④元せん

80

実験用ガスこんろの使用上の注意点

アルコールランプやガスバーナーほど多くはないが、右の2点には気をつけよう。

① 消火後はしばらくは熱いので、ごとくや本体にはさわらない。

② ガスのにおいがしたら、ガスボンベを外し、空気を入れかえる。においがしなくなったら再度ボンベを装着する。

「加熱器具だけに、注意点を読んだだけで熱が出そうだなぁ…。」

「少しあつかいをまちがうと事故につながりかねないわね。」

「確かにアルコールランプとガスバーナーは少しめんどうかもな。」

「アルコールランプもガスバーナーも注意点が多いのに加えて、マッチや着火ライターを使って火をつけるから、実験に時間がかかっちゃうよね。」

マッチの点火のしかた

人差し指、中指、親指でマッチのじくを持ち、手前から遠くに向かって、すり板になめにすばやくマッチの頭をこすりつける。

着火ライターの点火のしかた

ロックを外して点火レバーを引く。レバーをもどせば火は消え、引いたままなら消えない。

いままでは加熱器具についての注意点を示してきたけど、

こんどは加熱される容器や液体などについて気をつけることを見ていこう。

まだまだ説明があるんだな。

蒸発皿をのぞくとなんで危ないの？

強く熱しすぎた場合などは、熱している液体や、蒸発してできた結しょうが急に飛び散ることがあるんだ。

↑特に蒸発が終わるころ、蒸発皿の液体が少なくなっているときに、上の図のように飛び散りやすい。加熱中は終始器具からはなれて観察し、また蒸発の終わりぎわには、火を消して余熱を利用して蒸発させる。

ビーカーや試験管などで水を加熱するときも、ふっとうして熱湯が飛び出すこともあるから…。

顔を近づけたり、試験管の口を顔に向けたりしたらだめなのね。

←こうしたことを防ぐために加熱時に入れる液体の量は、試験管の5分の1程度にする。

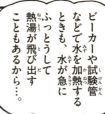

➡ビーカーは口が広いので試験管ほど心配しなくていいが、それでも入れる液の量は3分の1程度にするのが無難。

●自然蒸発でも取り出せる

食塩水から食塩を取り出す方法は、加熱して水分を蒸発させる以外にもある。32～34ページで食塩のかざりを作ったのと同じく、下のように水を自然蒸発させることでも、食塩を得ることができる。

①こい食塩水を少量、ペトリ皿に浅く入れる。多すぎると蒸発に時間がかかってしまうので注意。

②日当たりのいい場所に数日置くと、水分が自然蒸発して、食塩の結しょうが現れる。

観察などに重宝！ ペトリ皿

丸くてうすいガラスの皿で、直径がわずかにちがう大小の２つが、大きなほうでふたができるように一組みになっている。熱には弱いので直接火にかけるのはNG。

↑かいぼうけんび鏡（190ページ）で、メダカの卵を観察するのにも使う。

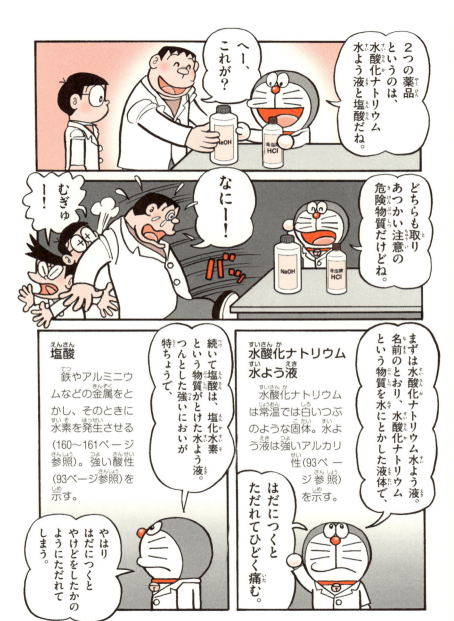

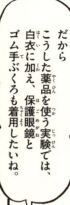

火を使う実験以上に注意が必要そうだね。

保護眼鏡は薬品を使う以外にも、加熱をする実験で発生するけむりやガスから目を守るのに使う。

だからこうした薬品を使う実験では、白衣に加え、保護眼鏡とゴム手ぶくろも着用したいね。

ゴム手ぶくろ
薬品に強いゴムでできている。

保護眼鏡
眼鏡の上からでもつけられる。

確かに。はだについても危険なんだから、目に入ったら大変なことになるよね…。

そうだ！このくらい保護眼鏡を重ねてかければ安心かな？

前が見えにくくなってかえって危険だろ！

あと塩酸は、とけている塩化水素が空気中に出て、目や鼻、のどをいためることがあるから

常温でも気体になって出ていく。

空気の入れかえもしっかりしよう。

においがするおもな水よう液　塩酸以外では以下がよく知られている。

水よう液の名前	とけている物質	においの特ちょう
アンモニア水	アンモニア（気体）	目や鼻をしげきする強いにおいがする。
さく酸水よう液	さく酸（液体）	さく酸は酢の主成分なので、酢のようなつんとするにおいがする。
エタノール水よう液	エタノール（液体）	エタノールはアルコールの一種なので酒のようなにおいがする。

さていよいよ塩酸と水酸化ナトリウム水よう液をまぜるよ。

だけどふしぎよね。

だって、どっちも体には有害な物質なのに、まぜるとできるのは無害な塩化ナトリウムなんでしょ?

確かに。

しずちゃんの言うように、

塩酸＋水酸化ナトリウム水よう液
→塩化ナトリウム＋水

◎塩酸と水酸化ナトリウム水よう液が化学反応を起こして生まれた塩化ナトリウムと水は、塩酸と水酸化ナトリウム水よう液のどちらの性質ももっていない。

まったく別の物質どうしが結びついて、さらに別の物質に変化することを「化学反応」というんだ。

92

酸性	青色リトマス紙を赤色に変える性質。おもな酸性の水よう液に塩酸、炭酸水などがある。
アルカリ性	赤色リトマス紙を青色に変える性質。おもなアルカリ性の水よう液に石灰水などがある。
中性	青色、赤色どちらのリトマス紙も変化させない性質。おもな中性の水よう液に食塩水など。

※リトマス紙については106ページ参照。

ちなみに水よう液は、酸性・アルカリ性・中性のどれかの性質をもつんだけど…。

塩酸は酸性、水酸化ナトリウム水よう液はアルカリ性。塩化ナトリウム水よう液や水は中性なんだ。

塩酸　酸性
＋
水酸化ナトリウム
水よう液　アルカリ性
↓
塩化ナトリウム
＋　（水にとけると　中性）
水　中性

酸性の塩酸とアルカリ性の水酸化ナトリウム水よう液をまぜたら、中性の塩化ナトリウム水よう液になるから、確かに別の物質になっているね。

塩酸と水酸化ナトリウム水よう液もそうだけど、酸性とアルカリ性の水よう液をまぜあわせると、たがいの性質を打ち消す反応が起こる。

炭酸水　＋　石灰水
酸性　　　アルカリ性
→　炭酸カルシウム　＋　水　中性
（水にとけない物質）

◎中和してもこのように水にとけない物質ができる場合もある。

このことを「中和」といい、酸性とアルカリ性の水よう液が完全に中和すると、中性になるんだ。

<ひと口メモ>もっと深く知る！　中和

　酸性とアルカリ性の水よう液をまぜあわせると起こる、その性質を打ち消しあう「中和」。中和の利用など、さらにこの変化についてくわしくなろう。

【水にとける「塩」、とけない「塩」】

　酸性とアルカリ性の水よう液が中和すると、水と、元の物質とはまったく異なる新しい物質ができる。これを「塩」という。

塩酸（塩化水素）　＋　水酸化ナトリウム水よう液（水酸化ナトリウム）

酸性の水よう液　　　　　　　　　　**アルカリ性の水よう液**

→　塩化ナトリウム【食塩】　＋　水

　　塩

炭酸水（二酸化炭素）　＋　石灰水（水酸化カルシウム）

酸性の水よう液　　　　　　　　　　**アルカリ性の水よう液**

→　炭酸カルシウム　＋　水

　　塩

　塩は水にとけるものもあれば、とけないものもある。塩化ナトリウムは水にとける。しかし、二酸化炭素を石灰水にふきこんだときに生まれる炭酸カルシウムは、水にとけず、液が白くにごる。

炭酸カルシウムってどんな物質？

　石灰石（左写真）や貝がら、卵のからや大理石などに多くふくまれ、塩酸と反応して二酸化炭素を発生する（64ページ）。

写真提供／PIXTA

【中和するときの水よう液の体積】

完全に中和して中性になるときの、酸性の水よう液とアルカリ性の水よう液の体積の比は一定になる。下の表と右のグラフは、あるこさの塩酸と水酸化ナトリウム水よう液をまぜあわせて中性になるときの、それぞれの体積を示している。

塩酸が20㎤、水酸化ナトリウム水よう液が30㎤の場合など、塩酸と水酸化ナトリウム水よう液の体積の比が2：3のときに中和することがわかる。

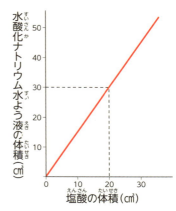

塩酸の体積(㎤)	5	10	15	20	25	30
水酸化ナトリウム水よう液の体積(㎤)	7.5	15	22.5	30	37.5	45

体積の比が一定のため、どちらかの体積がわかれば、中和するのに必要なもう一方の体積を求めることができる。なお完全に中和するときの体積の比は、それぞれの水よう液のこさが変われば変わるので注意したい。

【中和の利用】

中和反応は私たちの身の回りでさまざまに利用されている。

例えば、強い酸性の塩酸がふくまれる胃液は、出すぎると胃をいためる。その場合、アルカリ性の胃薬をのんで中和して治している。

また、酸性の温泉水が流れこむ川には、アルカリ性の石灰水を投入して中和し、その水を生活用水などに使えるようにしている。

↑酸性の土では野菜が育ちにくいので、石灰をまいて生育しやすくするのも中和の利用のひとつ。

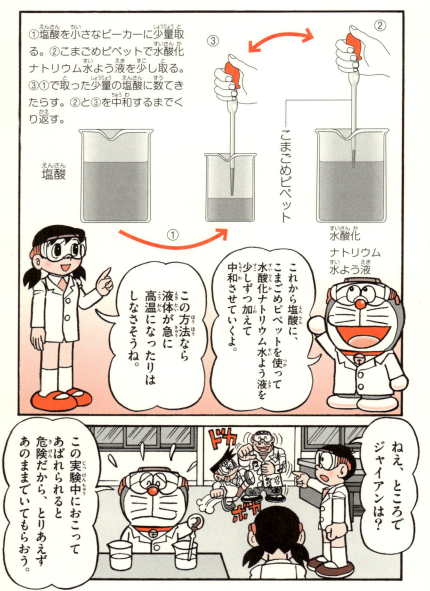

塩酸のほうが多いとき

中和して塩化ナトリウム【食塩】や水ができるが、中和していない塩酸(塩化水素)が残っている(点線内)ので、まぜあわせた液の性質は酸性を示す。

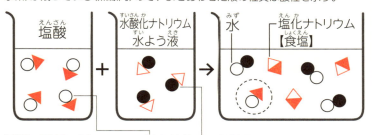

両方が適当な量のとき

塩酸と水酸化ナトリウム水よう液が完全中和して、まぜあわせた液は塩化ナトリウムと水だけになっているので中性を示す。

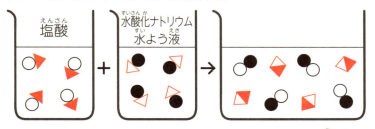

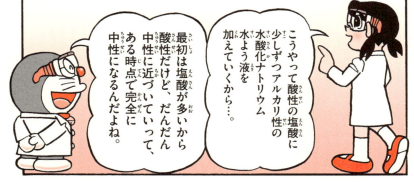

液体の性質の変化が色でわかる！ BTB液

そこでBTB液の出番だね。これを液体に数てきたらして色の変化を見るんだ。

下の表のように、酸性・アルカリ性・中性すべてに反応するので、例えば液体が酸性から中性になっても、色の変化を見ればすぐにわかる。

性質	酸性	中性	アルカリ性
色	黄色	緑色	青色

リトマス紙ではわからない、弱い酸性・弱いアルカリ性がわかるのも◎だ。

なるほど。最初は塩酸が酸性だから黄色だけど…。

水酸化ナトリウム水よう液を加えていくうちに緑色に変わったら、完全に中和されたってことが目で見てわかるのね。

◎リトマス紙で調べようとすると、そのつど赤色と青色のリトマス紙に液をつけなくてはならないので、大変な手間になってしまう。

<ひとロメモ>まだある！ 注意したい薬品リスト

　理科の実験では、塩酸や水酸化ナトリウム水よう液以外にも、取りあつかいに気をつけなくてはならない薬品がある。もしものときにもあわてないよう、よく知っておこう。

アンモニア水

　気体のアンモニアがとけた、無色とうめいの水よう液。アンモニアと同じく、鼻をつく強いにおいがあり、アルカリ性を示す。

過酸化水素水

　液体の過酸化水素がとけた無色とうめいな水よう液。二酸化マンガンに反応して、酸素を発生する(64ページ参照)。

↑皮ふや衣服などをいためるので、特に目に入った場合などは大量の水で洗い流す。この2ページでしょうかいする他の薬品も、ついたときの対応は同じ。

↑こい過酸化水素水が手などにつくと皮ふが白くなり、はげしい痛みを感じる。使うときにはゴム手ぶくろに加えて、保護眼鏡も必ず着用する。

石灰水

　水酸化カルシウムの水よう液。無色とうめいでアルカリ性を示す。二酸化炭素がとけると白くにごる性質がある。ふれると皮ふをいためるが、目に入ると特に危険なので、使うときには必ず保護眼鏡を着用する。
↘とうを防ぐことができる。

↑ろうそくなどを燃やしたあと、二酸化炭素が多くなったことを調べる実験にも使う。

104

二酸化マンガン

黒っぽいつぶや粉末の固体。酸素を発生させる実験で使う。二酸化マンガン自体は変化せず、過酸化水素水の反応を速めるはたらきをする。

←さわると皮ふをいためるので、びんから取り出すときなどは薬さじを使う。

ヨウ素液

ヨウ素がヨウ化カリウム水よう液にとけた茶かっ色の液体。でんぷんと反応して、青むらさき色になる性質がある。目や口に入らないよう注意する。

➡植物が光合成によってでんぷんを作り出していることを調べる実験にも使う。①葉の一部をおおい、日光に長時間当てる。②葉を熱湯につけてやわらかくしたあと、温めたエタノールにつけて葉の緑色を取り除く。③その後、水洗いしてヨウ素液につけると、日光が当たったところは青むらさき色に変わる。

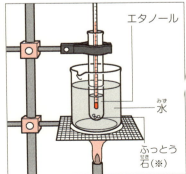

エタノール

アルコールの一種で、無色とうめい、においがある液体。植物の葉の色をぬくのに用いられる。

←とても火がつきやすいので、温度変化を調べる場合はビーカーに入れて直接加熱するなどは危険。左の図のように、エタノールを入れた試験管を水を入れたビーカーに入れ、ビーカーを加熱する。

※ふっとう石…液体が急にふっとうすると、液体や蒸気が周囲に飛び散ることがある。ふっとう石は素焼きのかけらでできていて、これを入れると液体の急なふっ↗

105

<ひと口メモ> 反応いろいろ、指示薬をきわめる!

100ページで水よう液の酸性・アルカリ性・中性を調べるBTB液が登場したが、BTB液以外にもまだまだある指示薬（液体の性質を確かめるために使う薬品）の反応を調べてみよう。

リトマス紙

【リトマス紙の使いかた】

酸性・アルカリ性・中性を調べるのにもっとも知られた指示薬。青色のものは酸性に反応して赤くなり、赤色のものはアルカリ性に反応して青くなる。

①調べる液体1種類につき、赤色リトマス紙と青色リトマス紙を各1枚用意する。

ピンセットであつかう

②調べる液体をガラス棒の先につけ、それぞれのリトマス紙のはしに少したらす。

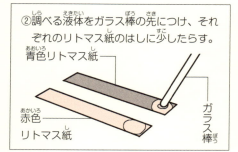

青色リトマス紙
赤色リトマス紙
ガラス棒

◎正しい反応が出るように、ガラス棒は毎回水洗いして、使い回さない。

③青色リトマス紙が赤色に変わったら酸性、赤色リトマス紙が青色に変わったらアルカリ性、どちらも色の変化がなければ中性とわかる。

酸性

中性

アルカリ性

106

フェノールフタレイン液

BTB液と同じく、調べる液体に少量入れてまぜる。アルカリ性に対してだけ赤色を示し、酸性・中性では無色のまま。

【フェノールフタレイン液の使いかた】

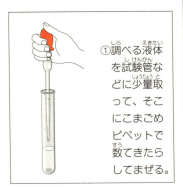

① 調べる液体を試験管などに少量取って、そこにこまごめピペットで数てきたらしてまぜる。

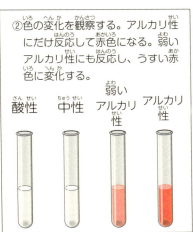

② 色の変化を観察する。アルカリ性にだけ反応して赤色になる。弱いアルカリ性にも反応し、うすい赤色に変化する。

酸性　中性　弱いアルカリ性　アルカリ性

ムラサキキャベツ液

ムラサキキャベツの葉からにだした液を、BTB液と同じように使うと、酸性・アルカリ性・中性でそれぞれちがう色に変化する。

【ムラサキキャベツ液の使いかた】

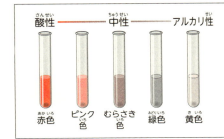

酸性 ── 中性 ── アルカリ性

赤色　ピンク色　むらさき色　緑色　黄色

フェノールフタレイン液と同じく、調べる液体にたらして、色の変化を観察する。酸性・アルカリ性・中性でそれぞれちがう色になり、さらに弱い酸性・弱いアルカリ性でも示す色が異なる。

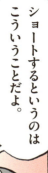

ショートするというのはこういうことだよ。

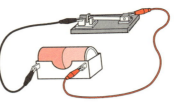

ええ？数分でかん電池が100℃前後の高温になったりするの!?

◎上の図のように、かん電池の＋極と－極のあいだに豆電球などをつながずに、そのまま導線などで結んだ回路を「ショート回路」と、またそういうつなぎかたになっていることを「ショートしている」という。ショート回路は大きな電流が流れて、導線やかん電池が短時間で熱くなるなどするのでとても危険だ。

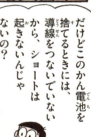

だけどこのかん電池を捨てるときには、導線をつないでいないから、ショートは起きないんじゃないの？

「かん電池といっしょに捨てるもの」が、導線のかわりをすることがあるからさ。

そうなの!?いっしょにこれもこっそり捨てようと思ってたんだけど…。

てへへ…。

紙はショートを起こせないけど、燃えるごみを電池といっしょに捨てるな！

そうか…導線じゃなくても、電気を通しやすい金属などが、かん電池の＋極と一極をつないでしまうとショートが起きるんだね。

◎下の図に示すように、他の金属類や他の電池と保管したり持ち運んだりしたことで、ショートが起こり、発火したという事例が数多く報告されている。

↑ポケットにネックレスなどといっしょに電池を入れていたら、それらが導線がわりになってショートした。

↑他の電池といっしょにふくろに入れてごみ出ししたら、他の電池が導線の役割を果たしてしまい、ショートした。

だからかん電池を捨てるときはこのようにすれば、金属などとふれることがあってもショートは起きないよね。

↘かん電池を捨てるなどするときは、＋極と一極をセロハンテープなどでおおって電気が流れないようにする。

でもかん電池を捨てるときにうっかりショートさせるのはわかるけど、豆電球を点灯させたりとかの理科実験でショートさせるなんてあるのかな？

それがあるんだよ。まずは豆電球とかん電池を、直列つなぎや並列つなぎでつないでみよう。

直列つなぎ

電流の通り道が枝分かれせず、1本になっているようなつなぎかた。

かん電池の直列つなぎ

豆電球の直列つなぎ

＋極に他のかん電池の－極を順につないでいくつなぎかた。多く直列につなぐほど、流れる電流が多くなるので、豆電球は明るくつくようになる。

2つ以上の豆電球が1つの導線につながれて回路になっているつなぎかた。多くつなぐほど、1個あたりの明るさは暗くなっていく。

並列つなぎ

電流の通り道がとちゅうで枝分かれしてつながっているようなつなぎかた。

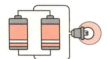

かん電池の並列つなぎ

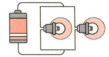

豆電球の並列つなぎ

2個以上のかん電池の＋極どうし、－極どうしをつなぐつなぎかた。いくつつないでも、電流の大きさはかん電池の1個のときと同じで、豆電球の明るさは変わらない。

豆電球の個数だけ電流の通り道があるつなぎかた。同じ豆電球を何個並列につないでも、明るさはかん電池1個に豆電球1個をつないだときと同じになる。

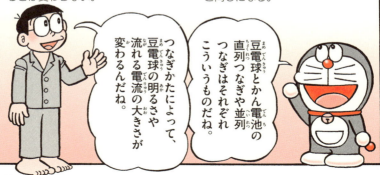

豆電球や電熱線、モーターなどをつながないで、かん電池の＋極と－極を導線でそのまま結んだらショートするんだったよね。

実は豆電球や電熱線、モーターなどは導線よりも電流が流れにくく、こういうことを「抵抗（電気抵抗）が大きい」というんだ。

いっぽう導線は電流が流れやすく、抵抗（電気抵抗）がすごく小さい。

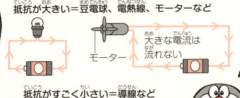

さっきのび太くんがつないだように、電気の通り道が抵抗の大きい通り道と抵抗がすごく小さい通り道に分かれていたら、電気は抵抗の大きい通り道をさけるんだ。

それで大きな電流が流れてショートするわけか！

↑上の図のように抵抗の大きい道とすごく小さい道が分かれていたら、抵抗の大きい道にはまったく電気は流れない。

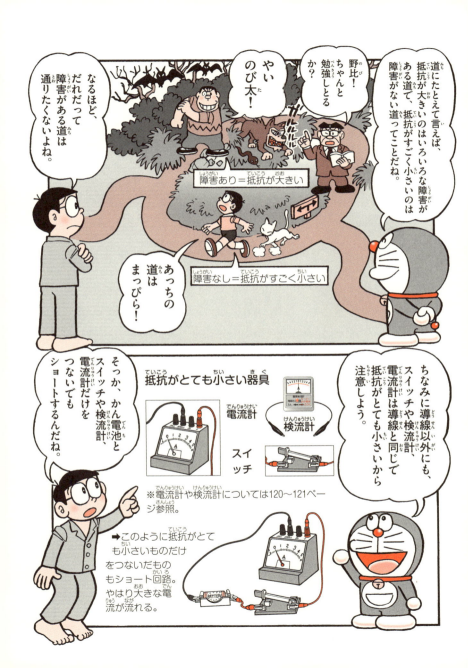

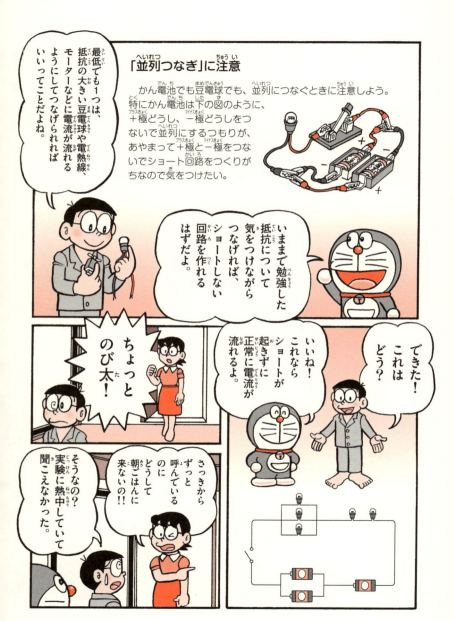

<ひと口メモ>電流計のこわさない使いかた教室

抵抗がとても小さい器具の例として117ページに出てきた、電気の通り道(回路)に流れる電流の大きさを計る電流計。あやまって大きな電流を流してこわさないよう、正しい使いかたを知っておこう。

【電流計の使いかた】

①最初に回路のスイッチが切れている(電流が流れていない)ことを確認する。

②右の図のように、回路の1か所を切りはなして、そのあいだに電流計をつなぐ。このとき、かん電池の＋極と電流計の＋端子、－極と－端子をつなぐ。

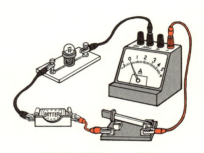

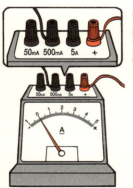

←4つの端子があり、右はしが＋端子(赤)、残りの3つが左から50mA、500mA、5Aの－端子(黒)。

電流計の－端子は、最初は「5A」の端子につなぐ。

③スイッチを入れると電流計の針がふれるので目盛りを読み取る。ふれかたが小さくて読みにくければ、「500mA」や「50mA」に－端子をつなぎかえていく。

◎電気が流れる量は「A」という単位で表す。1Aの1000分の1が1mA。

↑かん電池と直接つなぐようなショート回路だと大きな電流が流れてこわれてしまう。

【電流計の目盛りの読みかた】

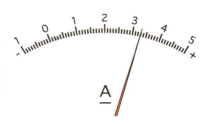

3つある−端子のどれにつないだかによって、電流計の目盛りの読みかたは変わる。下の表を参考に、大きな目盛り・小さな目盛り1つが示す値に注意して読む。

		大きな目盛り 1つ分の値	小さな目盛り 1つ分の値
−端子	5A	1A	0.1A（100mA）
	500mA	100mA	10mA
	50mA	10mA	1mA

上の目盛りは、5Aの端子につないでいるのなら、電流の大きさは3.3Aであることを示している。500mAの端子につないでいるならば330mA、50mAの端子につないでいれば33mAとなる。

◎最初に5Aの−端子につなぐ理由は、その回路に流れる電流の大きさがどのくらいになるかわからないから。電流計は大きな電流が流れるとこわれることがあるので、そうならないようにいちばん大きな5Aにつなぐ。

電流の向きも計れる 検流計

検流計も電流計同様、回路に流れる電流の大きさを調べる器具。使いかたは電流計とほぼ同じで、やはり回路のとちゅうにつないで（かん電池と直接つなぐとこわれることがあるのは電流計と同じ）、針のふれかたを見る。電流計とちがい、電流の向きもわかるが、電流計のほうが電流の大きさを細かく調べられる。

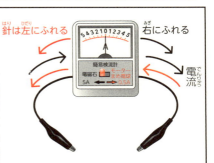

↑赤い矢印のように電流が右から左の向きに流れているときは、針は左にふれる。左から右の向きに流れれば（黒い矢印）、針は右にふれる。

<ひと口メモ>電熱線の長さ・太さと発熱

抵抗(電気抵抗)が大きいものの1つとしてまんがでしょうかいした電熱線。その長さや太さを変えるとさらに抵抗が大きくなる、つまり電流が流れにくくなるという。実験で確かめよう。

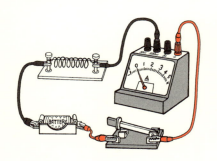

【電熱線の太さと流れる電流の大きさ】

左の図のような回路を作り、太さの異なる電熱線をつなぎかえて流れる電流の大きさを計測。電熱線の太さと流れる電流の大きさの関係を調べたところ、下のグラフのような結果が得られた。

この実験では、電熱線の断面積(太さ)が1㎟のときの電流の大きさは100mA、2㎟では200mA。断面積が2倍、3倍になると、電流の大きさも2倍、3倍となり、電熱線の太さと電流の大きさには比例の関係がある。つまり電熱線が太いほど、電流はよく流れることがわかる。言いかえれば「電熱線が細くなるほど、抵抗が大きくなる(電流が流れにくくなる)」ということになる。

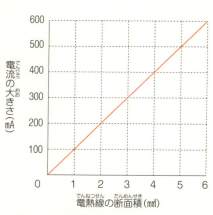

◎電熱線には、ニッケルとクロムなどの合金、ニクロムが多く用いられる。ニクロムは鉄などに比べて電流を通しにくく、熱を出しやすく、1200℃の高温でも切れたりとけたりしない。

122

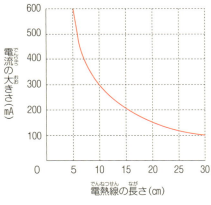

【電熱線の長さと流れる電流の大きさ】

右ページの回路を用いて、長さが異なる電熱線をつなぎかえて流れる電流の大きさを計測し、電熱線の長さと電流の大きさの関係を調べて表したのが左のグラフ。右ページのグラフのような直線ではなく、曲線になった。

この実験では、電熱線の長さが5cmのときの電流の大きさは600mA。長さが2倍の10cmでは電流の大きさは$\frac{1}{2}$の300mAになっている。また長さが3倍の15cmになると、電流の大きさは$\frac{1}{3}$の200mAになっている──電熱線の長さが2倍、3倍になると、電流の大きさは$\frac{1}{2}$倍、$\frac{1}{3}$倍となり、電熱線の長さと電流の大きさには反比例の関係がある。つまり電熱線が長いほど電流は流れにくくなる、言いかえれば「電熱線が長くなるほど、抵抗が大きくなる」ということになる。

抵抗が大きいほうが熱くなる

障害物が多い道＝抵抗が大きい電熱線

通行人＝電気

障害物が少ない道＝抵抗が小さい電熱線

同じ大きさの電流が流れる場合、抵抗が大きい電熱線のほうが小さい電熱線よりも熱を出しやすい。左の図のように、抵抗の大きい電熱線を障害物の多い道に、電気を通行人にたとえると（進む通行人の集まりが電流）、障害物が多い道は通行に苦労するので熱が多く出るというわけだ。

なお抵抗の大きさが同じ場合は、通行人が多い、つまり電流が大きいほど熱は多く出る。

●日食とその起こるしくみ

太陽・月・地球が一直線に並んだときに起こる日食。一部が月にかくれる「部分日食」と全体が月にかくれる「皆既日食」がある。

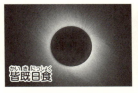
皆既日食

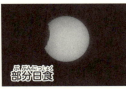
部分日食

↑日食が起こるしくみ。月のかげに入る、地球の一部地域で見ることができる。

125

写真／国立天文台（2点とも）

●しゃ光プレートで安全な日食観察を

太陽の光には人間の目に有害な紫外線がふくまれる。しゃ光プレートはこれをカットする特別な色ガラスでできていて、強い太陽の光も弱めるので、日食は必ずこれで観察しよう。

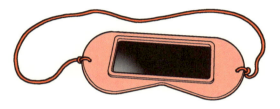

←「しゃ光板」「日食眼鏡」などとも呼ばれ、市はんされている。ひもを首にかけて使う。

①太陽を観察する前

太陽には目を向けないで、下を向いてしゃ光プレートを目に当て、プレートの横から光が入らないよう、両手で周りをおおう。

②太陽を観察するとき

しゃ光プレートを目に当てたら、両手で周りをおおったまま、顔を上げて太陽を観察する。観察中はけっしてプレートを目からはなさない。

③太陽を観察したあと

しゃ光プレートを目に当てたまま下を向き、プレートを目からはなす。

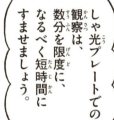

しゃ光プレートでの観察は、数分を限度に、なるべく短時間にすませましょう。

127

●やってはいけない日食観察法

太陽を観察するのに使っていいのはしゃ光プレートだけ！ まんがで出てきたスネ夫のサングラスやジャイアンの黒い下じきなど、それ以外の方法は目をいため、最悪の場合、失明する危険性もある。

すすをつけたガラス板、写真フィルムの黒い切れはしなどを通して見る

肉眼で見る

サングラスや黒い下じき同様、太陽光線がふくむ有害な光をカットできないので、たとえまぶしく感じなくても、目をいためてしまう。

数秒でも危険！

双眼鏡や望遠鏡で見る

レンズが太陽の光や熱を集めて強くするので、肉眼で見る以上に危険。

➡しゃ光プレートを通して双眼鏡や望遠鏡で見るのもダメ！

これらのものを通して太陽を見ると、目をいためてしまうから絶対にやめよう。

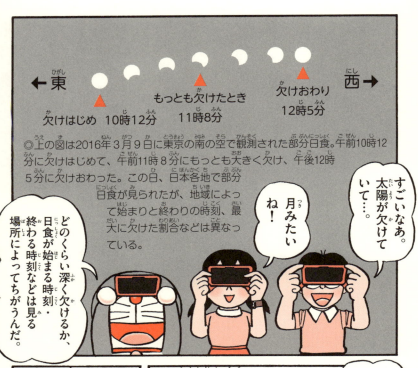

◎上の図は2016年3月9日に東京の南の空で観測された部分日食。午前10時12分に欠けはじめて、午前11時8分にもっとも大きく欠け、午後12時5分に欠けおわった。この日、日本各地で部分日食が見られたが、地域によって始まりと終わりの時刻、最大に欠けた割合などは異なっている。

すごいなあ。太陽が欠けていて…。

月みたいね！

どのくらい深く欠けるか、日食が始まる時刻・終わる時刻などは見る場所によってちがうんだ。

それにしても太陽の光っておっかねえな。

野外の観察で双眼鏡や望遠鏡などを使うときは、ついうっかり見ないように気をつけないとね。

野外だけではなく、室内でも太陽の光については注意が必要だよ。

室内でも!?

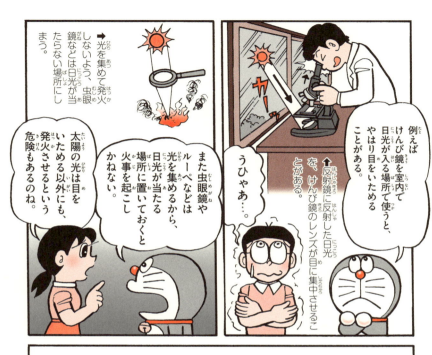

◎ルーペや虫眼鏡を観察に使うときは、絶対に太陽を見ないことに加え、下の図のように目に近づけて動かさないようにする。目からはなすと、せっかく拡大しても見えるはんいがせまくなるからだ。

動かせるものを見るとき

ルーペと目を近づけて動かさないまま、見るものを持って近づけたり遠ざけたりする。

動かせないものを見るとき

ルーペと目を近づけて動かさないまま、見るものに顔を近づけたり遠ざけたりする。

131

●星空観測は新月の夜に

月がのぼらない新月の夜は、月明かりがなく、1か月の中でもっとも星が見やすい。逆に満月の夜は、月が欠けていないうえに、一晩じゅう出ているので、星空観測には適さない。

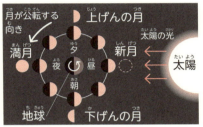

←月は太陽の光を反射して光っていて、地球の周りを約1か月かけて回る(公転という)ので、満ち欠けして見える。新月のときは、太陽のかげになった面を地球に向けているので、出ていないかのように見える。

←新月は太陽と同じく朝出て夕方にしずむ。満月は夕方に出て朝にしずみ、夜のあいだずっと出ている。

今日が日食だったってことは、月は新月だ。

月明かりにじゃまされないから、星空を見るには絶好の日だよね。

でもどこで観察するの?

この空き地じゃ、町の明かりで星は少ししか見えないよね。

↑街灯や照明が目に入る場所や、空気がすんでいないあたたかい季節は、都市部では観察が難しい。

周りに街灯や照明が少ない以外に、星空を観察するのに適しているのはこういう場所だよね。

上空の視界が開けている

見上げても建物や樹木などがじゃまにならない場所。都市部でも大きな公園や校庭、ビルの屋上などはおすすめ。

自動車が入ってこない

観測に夢中になっているところに入って来られたら危険！ ヘッドライトも観測のさまたげだ。

川の近くなどのような危険な場所ではない

暗やみでは足元が見づらいので、川や池、がけなどの近くは絶対にNG。また山中などでは野生動物に十分注意すること。どんな場所であれ、必ず大人の人に同行してもらおう。

このあたりなら…。

あそこで決まりだな！

●野外観察服装完全ガイド

野外で安全に観察するための服装や装備、注意点などを、観察テーマ別にしょうかい。その日の天気や行く場所などに合わせて、引率してくれる周りの大人と相談しながら変えていこう。

自然観察に行く

ぼうし
特に暑い季節は熱中しょうを防ぐのに欠かせない。

虫眼鏡
使いかたは131ページを読もう。

運動ぐつ
はきなれた、歩きやすいものをはく。行く場所によっては長ぐつにかえてもいい。

長そで
日焼けや、ふれると危険な動植物対策として、風通しのいい長そで・長ズボンがおすすめ。

長ズボン

◎その他、観察したものを記録するノートや筆記用具、デジタルカメラや、水とうやタオル、虫よけスプレーなども持っていくといい。

危険な動植物に注意

毒やとげなどを持つ、危険な動植物に気をつけよう。むやみにさわったり、見通しの悪い場所などに分け入ったりしないことが重要。万一さされたり、かまれたりなどした場合は、すぐに病院で手当てを受けること。

キイロスズメバチ

ツタウルシ
葉やくきなどにさわるとかぶれる。

写真提供／PIXTAⒶ、フォトライブラリーⒷ

地層を観察する

ナップザック

地層にふくまれる岩石などを採取する道具、採取した岩石などを持ち運ぶのに便利。

作業用手ぶくろ

岩石を採取するときに飛ぶ破片などから身を守る。

撮影／朝倉秀之

↑地層の重なりを観察したり、各層にふくまれる岩石や砂などを調べたりする。

◎服装や持ち物は、ほぼ自然観察のときと同じでOK。地層の岩石や砂などを採取する場合、岩石ハンマーや保護眼鏡なども必要なので、やや荷物は多くなる。

星空を観察する

マフラーなど
防寒具

服装や持ち物は、ほぼ自然観察のときと同じでOKだが、夜は冷えるので、特に真夏以外は防寒対策をしたい。

◎天体写真を撮影するならデジタルカメラ、三きゃくなども必要になる。

撮影／小学館写真室

↑足元の安全確保のためにかい中電灯は必ず持っていこう。

↑折りたたみ式のいすや、星を見上げていると首がつかれるのでねころがるシートなどがあるといい。

139

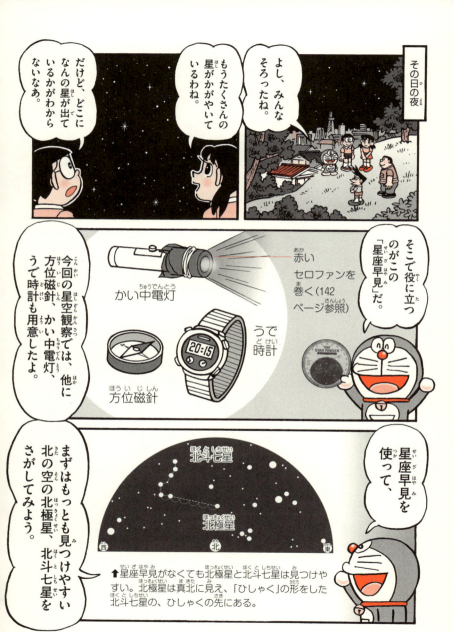

★140〜146ページの図は、7月15日20時の東京周辺の星空を示しています。

140

「星空の地図」星座早見のつくり

★写真の星座早見は『小学館の図鑑NEO [新版]星と星座』の特典です。

- 日付目盛り
- 時刻目盛り
- 円ばんの中心は北極星
- 窓のわくは地平線を表している

上の円ばん

↑
＋

下の円ばん

星座早見は2枚の円ばんが重なってできている。下の円ばんには星座がえがかれ、周りには月日を示す日付目盛りが時計回りに書かれている。いっぽう、一回り小さい上の円ばんには窓があいていて、周りには時刻目盛りが反時計回りに書かれている。

2枚は円ばんの中心でとめてあり、回して観察したい日時を合わせると、そのとき見える星空が窓の中に現れるというしくみだ。使いかたについては、これからの142～145ページで見ていこう。

星座早見は、いつ、どの方位の空に、どんな星や星座が見られるかを調べる「星空の地図」なんだ。

141

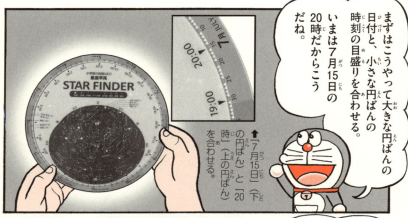

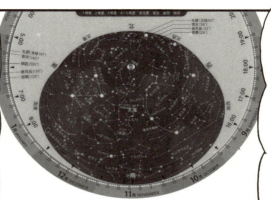

目盛りを合わせて窓に現れた星空が、その日その時刻に見える星空なんだ。

星は季節や時刻によって見える位置などが変わるけれど、星座早見ならどんな日の夜のどの時刻でも、見える星空がわかるんだ。

↑星座早見は頭上にかざして見る。このため、窓の周りに書かれた方位は、南北に対して東西が逆になっている。

すげえな22世紀の道具は…。

うん…。

星座早見はみんなが生まれる前からあるし、数百円で手に入るよ…。

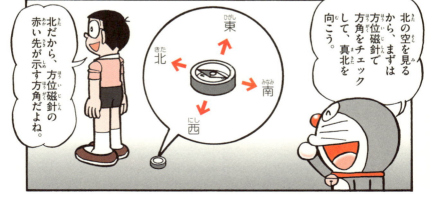

北の空を見るから、まずは方位磁針で方角をチェックして、真北を向こう。

東 / 北 / 南 / 西

北だから、方位磁針の赤い先が示す方角だよね。

↑かかげるときも、星座早見の文字を読むときは赤色の光で照らす。

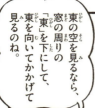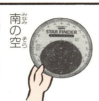

他の方角の星空を見るときも見かたは同じだよ。

東の空を見るなら、窓の周りの「東」を下にして、東を向いてかかげて見るのね。

南の空　東の空　西の空

◎窓の周りに書かれている方位のうち、観察したい方位を下にしてかかげて持つ。南・東・西の空を見る場合はそれぞれ図のように持とう。

東の空は、北の空と少しようすがちがうのね。

空の中ほどに明るい星が3つ見えるな。

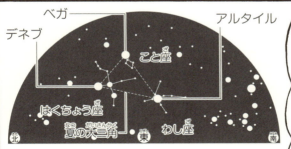

デネブ　ベガ　アルタイル　こと座　はくちょう座　夏の大三角　わし座　北　東　南

明るい3つの星は全部1等星だね。はくちょう座のデネブとこと座のベガ、わし座のアルタイルを結んでできる三角形を「夏の大三角」というよ。

◎星座は星の並びを人やもの、動物などに見立て、呼び名をつけたもの。国際天文学連合によって88の星座が決められていて、本州付近では年間で約60星座が見られる。

※肉眼で見えるもっとも明るい星を1等星、もっとも暗い星を6等星としている。等級が1つ上がると約2.5倍明るくなり、1等星は6等星の100倍明るい。

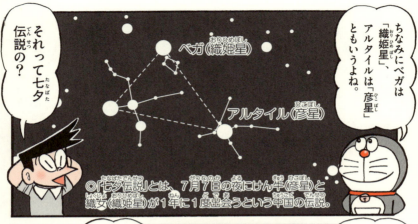

天の川とは？

私たちが住む地球が属する太陽系をふくむ、約2000億個の星の集まりを「天の川銀河」という。
天の川の正体はこの天の川銀河を内側から見た姿。

★双眼鏡で太陽を見ることは危険なので絶対にやめましょう。

太陽とちがって、夜空の星は双眼鏡で見ても目をいためないんだね。

星の光はとても弱いからだいじょうぶだよ。

◎星が数十個以上集まった「星団」や、宇宙空間にただようガスやちりでできた「星雲」も観測できる。

↑写真はおうし座のプレアデス星団。

この学校の裏山くらいだと街明かりのえいきょうもあるから、肉眼で見えるのは3等星以上の明るい星が300個ぐらいだけど…。

倍率7〜10倍程度の双眼鏡を使えば、7〜8等星くらいまで、数万の星が見えるんだ。

数万!?

おれにも見せろ!

手ぶれを防ごう

手で持つ双眼鏡は手ぶれで像がぼやけがち。「両わきをしめて持つ」「木などによりかかって姿勢を安定させる」などして対策しよう。

うおおすげえ!

ね!?感動ものでしょ?

147

写真／国立天文台

※昼間に出ている月を双眼鏡で見ることは危険なので絶対にやめましょう。

ちなみに今晩は見られないけれど、双眼鏡で夜の月を見るのもいいよね(※)。

月の表面のクレーターもくっきり見えて、おすすめだよ。

←クレーターは、いん石のしょうとつなどが原因でできた円形にくぼんだ地形。

比べてみよう！双眼鏡と天体望遠鏡

双眼鏡は倍率が低く、広いはんいの星空が見える。これに対し天体望遠鏡は、倍率が高く、暗い星や星の表面のようすまで観測できる。ただし、双眼鏡と比べて高価で、持ち運びや取り回しが大変ということもあり、最初は双眼鏡で見るのがよさそうだ。

お金持ちのぼくとしては、月や星を見るというと、天体望遠鏡が必要って思っちゃうけど…。

双眼鏡は天体望遠鏡よりもはるかに操作や持ち運びが簡単で安いから、天体観測初心者にはだんぜんおすすめだね。

→天体望遠鏡は重いもので10kg近くあり、三きゃくで固定して観測する。

写真／国立天文台㋐、PIXTA㋑

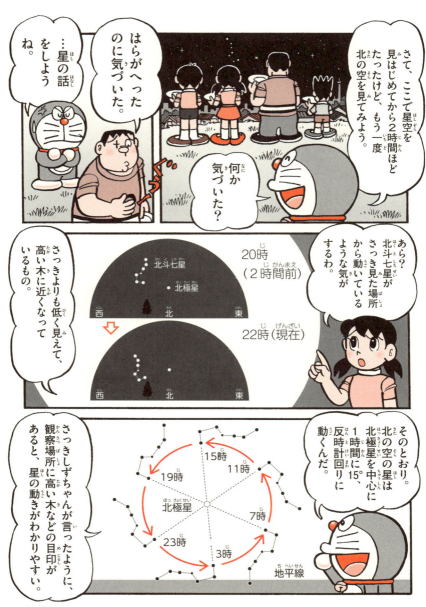

第3章
器具を正しく使う

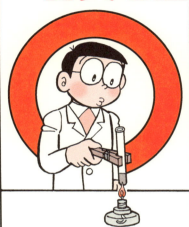

で、のび太くんが何かやらかすんじゃないかと思って、「スパイ衛星」からの映像をずっと見ていたら、思ったとおりだった。

悪かったね、予想どおりにやらかして！

とりあえず「復元光線」で割れたビーカーを元にもどそう。

だけどどうして理科の実験で使う器具って、ガラスのものが多いんだろう？

こういう、うすいガラスや細いガラスでできているものもけっこうあるわね。

こまごめピペット

液体を少しだけ吸い取るための器具。上のゴムのふくろを指でおして、続いておす力をゆるめて吸い取る。

注射器

液体や気体を吸いこんだり、勢いよく出したりするのに使う。病院などで使うものとはちがって針はついていない。プラスチック製のものもある。

ガラス管

液体や気体を通す細い管。まっすぐなもの、曲がっているものがある。

●こわれやすいガラス器具

以下のような細い、うすいガラスでできた器具は強い力をかけると割れてしまうので、しんちょうに取りあつかいたい。

こまごめピペット

先たんが割れやすいので、ビーカーの底や側面にぶつけないようにする。

注射器

先の細い部分に強い力がかかると割れやすいので注意したい。

ガラス棒

ビーカーに入れた液体をかきまぜるときは、安全のために一方のはしにゴムのカバーをつける。棒がビーカーの内側に当たらないように、小さくすばやく動かす。

ガラスの最大の弱点って、おしたり、たたいたりなどの強い力だよね。

ガラス管

ゴムせんの穴にガラス管を通すときは、力がかかりすぎて割れることがあるので注意。ゆっくり少しずつ差しこむようにする。

156

PETじゅしの長所と欠点

ペットボトルは「PETじゅし」とよばれる素材からできているが、試験管やビーカーのかわりにはできない。

長所	欠点
・とうめい ・軽い ・落としても割れない	・傷がつきやすい ・薬品、特に酸性の液体に弱い ・高熱に弱い

そっか…ビーカーや試験管って火にかけることもあるから、熱に弱いと困るよね。

ペットボトルのプラスチックはとうめいで軽いけど、それ以上に欠点が多くてNGだね。

鉄のようにかたくてこわれないガラスがあればなあ…。

あ、そうだ！

「材質変換機」を出してよ。ガラスを鉄のように変えればいいんだ！

いいけど…。

材質変換機

この機械が出す光を当てると、見た目はそのままで、そのものを作っている材料を自由に変えられる。

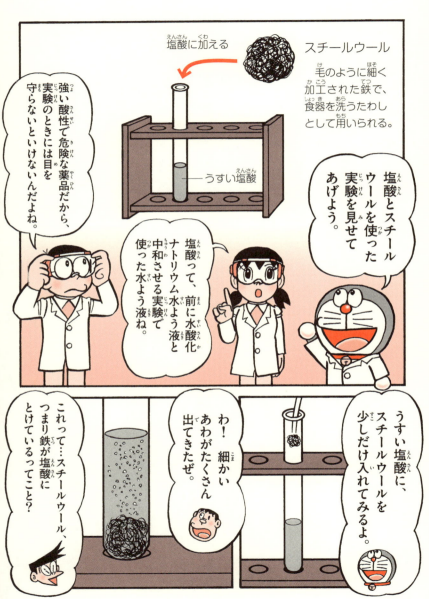

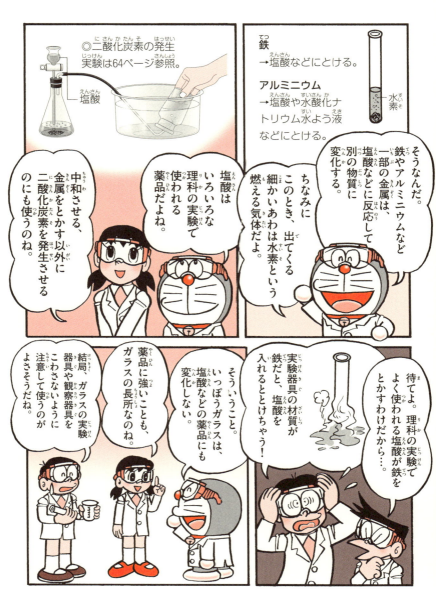

●ガラス実験器具まるわかりガイド

形や容量などさまざまだが、どれにもそうである理由がある。実験の目的などに応じて使い分けよう。

試験管

少量の液体をあたためる、まぜる、反応させるなどの実験に使う丸底の管で、長さは7〜20cm程度。

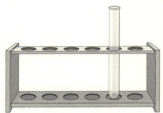

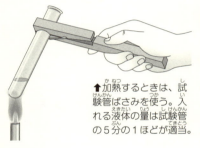

↑加熱するときは、試験管ばさみを使う。入れる液体の量は試験管の5分の1ほどが適当。

↑底が丸いので試験管立てを使って立てる。底が丸いのは、しずんだものが底の中心に集まって観察しやすい、洗いやすいなどさまざまな理由がある。

ここでガラスの長所を生かした実験器具、観察器具をまとめてしょうかいしよう。

ビーカー

液体を注ぎやすくするくちばし形のつぎくちのついた、縦長の円とう形のコップ。液体をあたためる、まぜるなどの実験に使う。いろいろな容量のものがある。

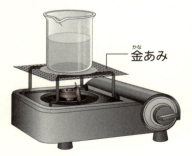

金あみ

←金あみを置いて、その上で加熱する。のせる実験用ガスこんろなどが平らな場所に置かれていることを事前に確認する。

162

←エタノールなど、火がつきやすい液体をあたためる場合は、ビーカーに入れて直接火にかけてはいけない。図のように湯を入れた大きなビーカーに、液体を入れた小さなビーカーをつけて「湯せん」する。こうすることで液体をゆっくりとあたためられる。

フラスコ

細い首のついた容器で、球形の丸底フラスコ、球形で底が平らな平底フラスコ、円すい形の三角フラスコがある。

丸底フラスコ

熱や圧力に強く、液体を加熱するなどの実験に使う。加熱する液量はフラスコの3分の1程度が適当。底が丸く、自立しないので支えが必要。

三角フラスコ

底が広くてたおれにくく、薬品を反応させて気体を発生させる実験などに用いる。熱や圧力には弱いので、加熱には使わない。

平底フラスコ

丸底フラスコと三角フラスコの中間で、底が平らなので支えなくても立てられる。

↑丸底フラスコや平底フラスコを加熱するときには、手で持たず、必ずスタンドに固定する。

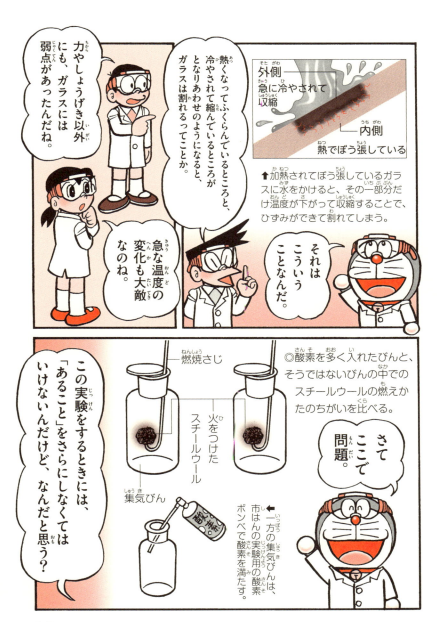

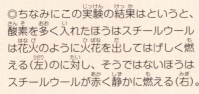

◎ちなみにこの実験の結果はというと、酸素を多く入れたほうはスチールウールは花火のように火花を出してはげしく燃える（左）のに対し、そうではないほうはスチールウールが赤く静かに燃える（右）。

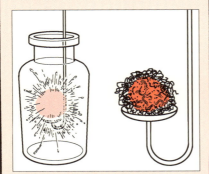

<ひと口メモ>正しく使う！ 上皿てんびん

てんびんの性質を利用して、分銅とつりあわせてものの重さを量る上皿てんびん。ガラス器具のように割れはしないけれど、いためたりしないよう、正しい使いかたを知っておこう。

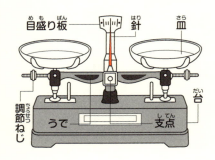

上皿てんびん

小さなものの重さを正確に量れる。種類によって最大何gまで量れるか、何gきざみで量れるかが決まっている。この2ページでは200gまで、0.1gきざみで量れるものを例にして、使いかたを説明する。

200gまで量れる上皿てんびんの分銅は、右の図のように用意されている。例えば4.8gのものを量る場合、2gを2個、0.5gを1個、0.2gを1個、0.1gを1個というぐあいに、分銅を組み合わせて使う。このようにすると200gまで、0.1gきざみで量れる。

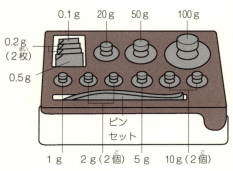

分銅はピンセットであつかう

分銅は、右の図のようにでっぱった部分を必ずピンセットではさんで持つ。手でさわるとさびるなどして重さが変わってしまうからだ。

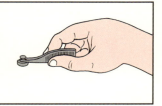

【上皿てんびんの使いかた】

①上皿てんびんを平らな場所に置く。
②左右のうでに皿をのせ、針が左右に等しくふれていることを確認。等しくふれていなければ、調節ねじを回して調節する。

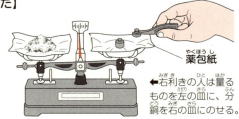

薬包紙

←右利きの人は量るものを左の皿に、分銅を右の皿にのせる。

③粉末やつぶの重さを量る場合は、両方の皿に薬包紙をのせる。
④左の皿に量りたいものをのせ、右の皿にそのものの重さに近そうな分銅を、重いほうからのせる（上の図）。
⑤のせた分銅が重すぎればその次に軽い分銅に取りかえる。のせた分銅が軽ければ、その次に重い分銅を追加してのせる。
⑥⑤をくりかえしてつりあったときの分銅の重さを合計する。これが量りたいものの重さになる。

【ある重さの量の量り取りかた】

薬さじ

例えば右利きの人が粉末を30g量り取る場合、右の図のようにまず30g分の分銅を左の皿にのせ、右の皿に粉末を少しずつ加えて量るようにする。

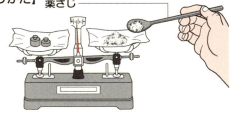

簡単に量れる電子てんびん

電源を入れてのせるだけで、重さがデジタル表示される。容器に入れて量る場合も、容器の重さを除いた数値を出せる。上皿てんびんはもちろん、つるさないと量れないばねばかりと比べても、簡単に重さが量れる。

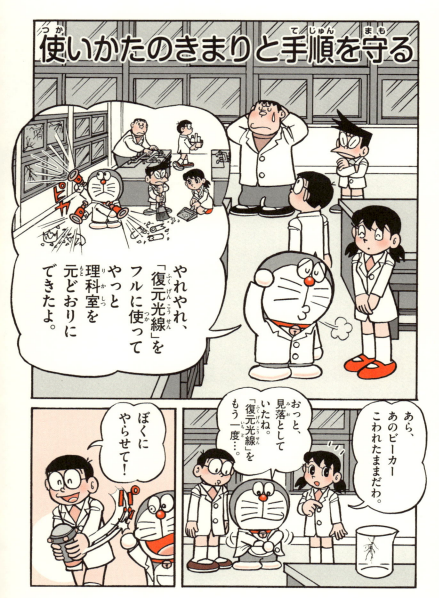

●けんび鏡のつくり

肉眼では大きさが約0.1mmまでのものしか見えないので、それより小さいものは、数十倍から数百倍に拡大できるけんび鏡で見る。よく使われる生物けんび鏡を例に、そのつくりを見ていこう。

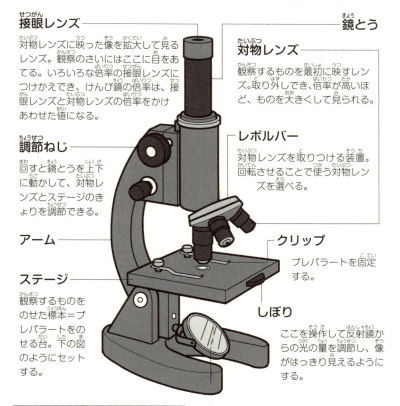

接眼レンズ
対物レンズに映った像を拡大して見るレンズ。観察のさいにはここに目をあてる。いろいろな倍率の接眼レンズにつけかえでき、けんび鏡の倍率は、接眼レンズと対物レンズの倍率をかけあわせた値になる。

鏡とう

対物レンズ
観察するものを最初に映すレンズ。取り外しでき、倍率が高いほど、ものを大きくして見られる。

調節ねじ
回すと鏡とうを上下に動かして、対物レンズとステージのきょりを調節できる。

レボルバー
対物レンズを取りつける装置。回転させることで使う対物レンズを選べる。

アーム

クリップ
プレパラートを固定する。

ステージ
観察するものをのせた標本＝プレパラートをのせる台。下の図のようにセットする。

しぼり
ここを操作して反射鏡からの光の量を調節し、像がはっきり見えるようにする。

反射鏡
光を反射させて、プレパラートを明るく照らす。

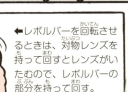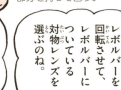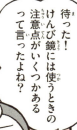

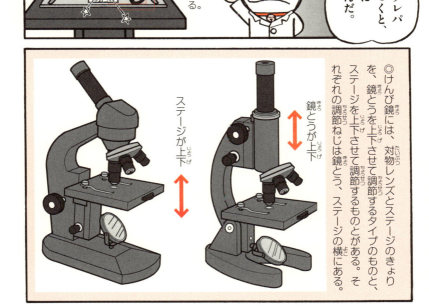

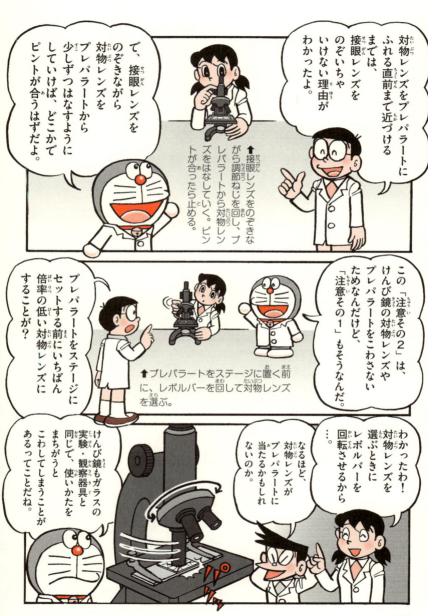

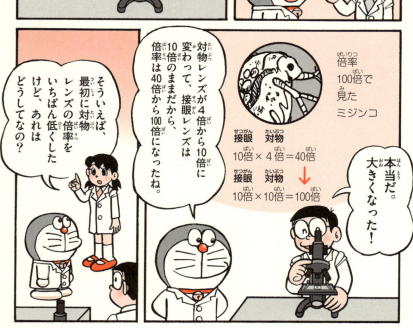

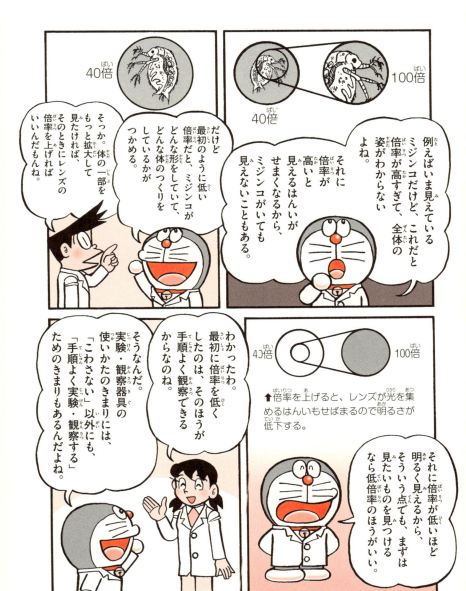

●目ざせ！ プレパラート製作名人

水中の微生物以外を観察するときのプレパラートの作りかたを2つしょうかい。特に花粉のプレパラートは簡単でおすすめだ。

ツユクサの葉の裏の気孔を観察

表皮がとてもうすくはがれるので気孔(53ページ参照)を観察しやすい。

➡ツユクサは身近に見られる雑草で、簡単に採取できる。

①葉の裏にカッターで切れ目を入れ、裏側の表皮をはがす。②①ではがした表皮の一部をスライドガラスにのせ、スポイトで水を1、2てきたらす。③カバーガラスをかぶせ、はみでた水はろ紙などで吸い取り、ステージにセットする。

花粉を観察

カバーガラスを使わないので、割る心配がなく、短時間でプレパラートが作れる。

①おしべの先にセロハンテープのねん着面をつけて花粉を採取する。

②セロハンテープを図のようにスライドガラスにはりつけて、ステージにセットする。セロハンテープがカバーガラスがわりになる。

撮影／岡田 博

●もうまちがえない！　けんび鏡100点マニュアル

10ページ以上にわたってドラえもんたちがしょうかいしてくれたけんび鏡の使いかた。この２ページでコンパクトにおさらいしよう。

①対物レンズを倍率がいちばん低いものにする

レボルバーを回して選ぶ（177ページ）。対物レンズを持って回すとレンズがいたむので、レボルバー部分を持つ。

ここを持つ

◎使いはじめる前に…
けんび鏡を置く場所はだいじょうぶ!?

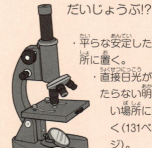

・平らな安定した場所に置く。
・直接日光が当たらない明るい場所に置く（131ページ）。

③プレパラートをステージにのせる

プレパラート上の観察したいものが対物レンズの下にくるようにセットする（178ページ）。

②反射鏡の角度を調節する

接眼レンズをのぞきながら、視野が明るくなるよう、反射鏡を動かして調節する（178ページ）。

⑤ピントが合うまで対物レンズをプレパラートからはなす

接眼レンズをのぞきながら、調節ねじを回して、対物レンズとステージをはなしていき、ピントが合ったところで止める（180ページ）。

④対物レンズとプレパラートをぎりぎりまで近づける

このとき接眼レンズはのぞかず、対物レンズとステージを横から見ながら調節ねじを回し、レンズとステージを接する直前まで近づける（178ページ）。

← 調節ねじを逆に回さないように注意しよう。

⑦もっと拡大したいなら、対物レンズの倍率を上げる

このときも、接眼レンズから目をはなして、調節ねじを回していったん対物レンズとプレパラートをはなす。レボルバーを回して対物レンズをかえたら、④〜⑥の手順をふむ。

⑥見るものが視野の中央に来るよう、プレパラートを動かす

接眼レンズをのぞきながら行う（185ページ）。このときしぼりを動かして、視野の明るさを見やすくなるように調節する。

← 対物レンズは上のほうがねじになっていて、これでレボルバーに取りつける。倍率は10倍、40倍などがある。

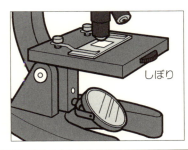

しぼり

187

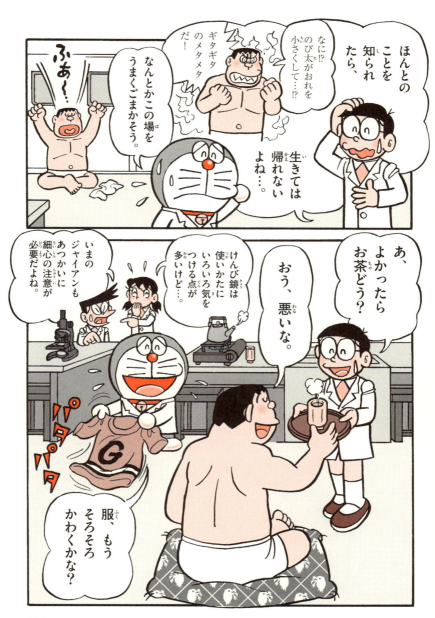

<ひと口メモ>プレパラート不要のけんび鏡って？

プレパラートを作らないでよくて、しかも上下左右がそのままに見られる!?「かいぼうけんび鏡」と「双眼実体けんび鏡」は、ふつうのけんび鏡とは何がちがうのか？

かいぼうけんび鏡

ふつうのけんび鏡とは異なり、接眼レンズだけで拡大して見る。倍率は10倍程度と低く、メダカの卵など、肉眼で見えるものを拡大して観察するのに適している。見るものの上下左右がそのままで見られる。

接眼レンズ
このレンズだけで見るので、虫眼鏡（ルーペ）としくみは同じ。

調節ねじ

ステージ
ガラスの板になっているので、反射鏡の光が通りぬけて、のせたものを明るく照らす。

アーム

反射鏡

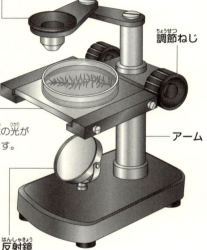

↑どのタイプのけんび鏡も、持ち運ぶときはアームと底の部分をそれぞれの手でしっかり持つようにしよう。

プレパラートを作らずに、観察するものをステージに直接置くか、上の図のようにペトリ皿などのガラス器具に入れて観察する。調節ねじでレンズを観察するものにぎりぎりまで近づけて、レンズをのぞきながら遠ざけていき、ピントを合わせるのはふつうのけんび鏡と同じ。

190

双眼実体けんび鏡

ふつうのけんび鏡とは異なり、両目で見るので、見るものが立体的に見える。このためメダカの卵など、厚みがあるものの観察に適している。倍率は20～40倍程度と低く、小さすぎるものは見えないが、かいぼうけんび鏡と同じく、上下左右がそのままで見られる。プレパラートを作らずに、見るものをステージに置いて観察するのも、かいぼうけんび鏡と同じ。

接眼レンズ
目のはばに合うように、2つの接眼レンズの間かくは調整できる。

対物レンズ

調節ねじ

アーム

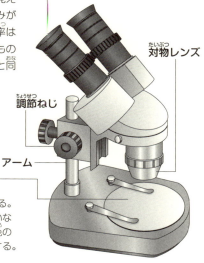

ステージ
表が白、裏が黒の円ばんになっている。下の図のように、白いものやとうめいなものはステージを黒にして（下右）、色のこいものはステージを白にして観察する。

↑反射鏡がなく、見るものに光を通さないで見る。ただし、ステージの下にライトが内ぞうされていて、ステージ上の見るものを照らすタイプの双眼実体けんび鏡もある。

なぜ立体的に見えるのか？

右の図のように、最初は左右の接眼レンズをのぞくと、それぞれの目で見える視野があるが、2つのレンズの間かくを調整することで、これを1つに重ねて見られるようになる。だから立体的に見ることができるというわけだ。

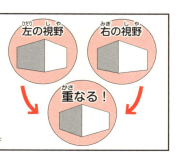

左の視野　右の視野

重なる！

- ■キャラクター原作／藤子・F・不二雄
- ■まんが監修／藤子プロ
- ■監修／浜学園
- ■カバーデザイン／横山和忠
- ■カバー絵・まんが／田中康一
- ■イラスト／阿部義記、杉山真理、田中康一
- ■もくじデザイン／阿部義記
- ■校閲／吉田悦子
- ■DTP／株式会社 昭和ブライト
- ■編集担当／藤田健一（小学館）

© 藤子プロ

ドラえもんの学習シリーズ
ドラえもんの理科おもしろ攻略
実験と観察がわかる

2024年11月25日　初版第1刷発行	発行者　野村敦司
	発行所　株式会社 小学館

東京都千代田区一ツ橋2-3-1　〒101-8001
電話・編集／東京　03（3230）5406
販売／東京　03（5281）3555

印刷所　株式会社昭和ブライト、TOPPANクロレ株式会社
製本所　株式会社若林製本工場

小学館webアンケートに
感想をお寄せください。

毎月100名様 図書カードNEXTプレゼント！

読者アンケートにお答えいただいた方の中から抽選で毎月100名様に図書カードNEXT500円分を贈呈いたします。
応募はこちらから！▶▶▶▶▶▶▶▶
http://e.sgkm.jp/253752

（実験と観察がわかる）

© 小学館　2024　Printed in Japan
- ■造本には十分注意しておりますが、印刷、製本など製造上の不備がございましたら「制作局コールセンター」（フリーダイヤル0120-336-340）にご連絡ください。（電話受付は、土・日・祝休日を除く9:30〜17:30）
- ■本書の無断での複写（コピー）、上演、放送等の二次利用、翻案等は、著作権法上の例外を除き禁じられています。
- ■本書の電子データ化等の無断複製は著作権法上での例外を除き禁じられています。代行業者等の第三者による本書の電子的複製も認められておりません。

ISBN978-4-09-253752-1